一夜漬け

AWS認定

山内貴弘 [著]

クラウドプラクティショナー

[C02対応] 直前対策テキスト

A M A Z O N

W E B

S E R V I C E S

LINE公式アカウント「AWSプラクティショナー @サンプル問題」

最新のAWSサービス情報を踏まえた、AWS認定クラウドプラクティショナーのサンプル問題を定期的にLINEへ無償提供しております。これまでに1500名を超える読者の皆様からの合格のご連絡を頂きました。下記のQRコードからアクセスできます！　ぜひご活用ください。

はじめに

　数十年前までは、大企業のシステムといえば、冷蔵庫ぐらいの大きさの何千万円もするコンピュータを何台も揃えたものでした。その高価なコンピュータを購入していました。そして、耐震設備のあるデータセンターに設置し、OSやデータベースのソフトウェアを導入した上で、ウェブシステムのようなアプリケーションを構築していました。このように自前でIT設備を調達して、企業システムを構築するような利用形態を、オンプレミス（自前のシステム）といいます。

　一方、近年企業のコンピュータシステムは自社設備を持たず、借りて利用する形態が非常に増えています。この「借りて利用する形態」をクラウドサービスといいます。

　アマゾンウェブサービス（AWS）は、Amazonが提供するクラウドサービスであり、AWSは大きな一角を占める業界No.1のクラウドサービスとなっています。

＊　　　　　　＊　　　　　　＊

　そのAWSが認定する入門編の資格として、クラウドプラクティショナー試験があります。クラウドのプラクティショナー（実務家、専門家）を認定するものです。

　これはAWSの基礎的な内容を理解していることを証明する資格であり、資格取得に向けた学習によって、クラウドサービスのメリットを説明したり、クラウドらしいシステムについて説明したりすることができるようになります。

　そのため、エンジニア以外の営業の方やマネジメントの方にとっても、取得するメリットが十分ある資格になっています。もちろん、エンジニアにとっては、必ず理解すべき基礎が身についている証明になる資格といえます。

　本書は、そのクラウドプラクティショナーの試験対策テキストです。クラウドがまったく初めての方でも、読み進めれば、クラウドとAWSサービスの基礎は、十分理解できるようにしております。

＊　　　　　　＊　　　　　　＊

　また、本書は、拙書『一夜漬けAWS認定ソリューションアーキテクトアソシエイト直前対策テキスト』の姉妹書として執筆しております。そのため、クラウドプラク

ティショナー試験に合格することはもちろん、上位資格であるAWS認定ソリューションアーキテクトアソシエイト取得の準備にもお使いいただけるように構成いたしました。

　社内の勉強会で、AWSの利用経験の少ない技術者に対し、当テキストを元に短期集中の学習を実施し、クラウドプラクティショナー試験を受験させたところ、2023年9月末現在の社内の勉強会での合格率は100%でした。それに、当書籍のLINE公式アカウントに寄せられる合格のご連絡も1500人を超え実績のあるテキストになっております（LINE公式アカウントのサンプル問題も大変好評です。巻頭および巻末にあるQRコードから、ご参加いただけます。ぜひご利用下さい）。

　ソリューションアーキテクトアソシエイトは、クラウドプラクティショナーの資格と同等程度のスキルがある方を対象としたものです。そのため、ソリューションアーキテクトアソシエイトに挑戦する際には、まず本書で基本的な所を学んでから、姉妹書へと読み進められることをお薦めいたします。

*　　　　　　*　　　　　　*

　2023年のITにおける大きな話題としては、生成AIの登場ではないでしょうか。この面でもAWSは、2023年10月東京リージョンに生成AIサービス、Amazon Bedrockをリリースしました。ますますAWSの快進撃が続くものと思われます。

　今後さらなる利用が拡大されていくクラウドサービスの中で、世界中でもっとも利用されているAWS。その重要な基本部分の理解ができるAWS認定クラウドプラクティショナー資格に、この機会にチャレンジしていただき、今後の業務に役立てていただければ幸いです。

2023年10月
山内　貴弘

Contents 目　次

Chapter 3 AWSクラウドの特長

Chapter 4 AWSの主要サービス

Chapter 5

Well Architected フレームワーク：優れた運用効率

Chapter 6

Well Architected フレームワーク：セキュリティ

Chapter 7 Well Architected フレームワーク：信頼性

Chapter 8 Well Architected フレームワーク：パフォーマンス効率

Chapter 12 AWSサービス用語集

Chapter 1

AWS認定クラウド
プラクティショナー
試験資格の概要

AWS認定試験には、複数の認定資格が用意されています。そのうち、もっとも基礎に位置するのがAWS認定クラウドプラクティショナーです。この章では試験の概要と試験合格のメリット、そして本書の活用方法を説明します。

AWSと試験の関係

　アマゾンウェブサービス（AWS）は、世界中で何百万の顧客を持つ、世界最大かつもっとも幅広く採用されているITのプラットフォームです。オンラインショッピングのAmazonで培った大規模で先進的な情報技術を、一般企業に簡単に利用できるように提供しており、日々拡大し進化し続けています。

　そのため、ITのプラットフォームとして、スタートアップ企業、大企業、政府機関を含め、多くの顧客に支持されています。動画配信のNetflix、民泊のAirbnb、旅行予約のExpediaといった先進的な企業から、国内の中堅、大手企業はもちろん、日本政府のITの共通プラットフォームに至るまで利用が進んでいます。

　つまり、Amazonでの書籍の購入のみならず、私たちが休日Netflixでドラマを楽しんだり、Expediaでホテルを予約したり、お役所で手続きしたりといったことの多くの部分で、AWSの何らかのコンピュータシステムが利用されていることになります。

　提供しているサービスの数は、他のいかなるクラウドより多く、2023年時点で200以上のサービスが提供されています。そのサービス内容も、コンピューティング、ストレージ、データベースといったインフラストラクチャから、機械学習、人工知能、IoTなどの新しいテクノロジーに至るまで広範囲に及んでいます。

　これから学習していくAWS認定クラウドプラクティショナー試験は、AWSを知る上で、基本的でもっとも大切な内容を含んでいる試験になります。つまり、学習することによって、AWSを十分に説明できる人になれる試験なのです。

試験で評価される能力

Section 1-2

　AWSの認定試験は、いくつかの資格の種類があります。下記の試験の他に 2023年10月現在、アソシエイトレベルにData Engineer（Beta）、専門知識レベル にSAP on AWSが追加されています。

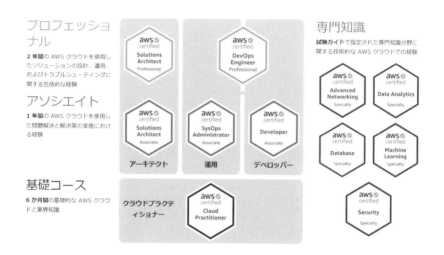

プロフェッショナル
2年間の AWS クラウドを使用したソリューションの設計、運用、およびトラブルシューティングに関する包括的な経験

アソシエイト
1年間の AWS クラウドを使用した問題解決と解決策の実施における経験

基礎コース
6か月間の基礎的な AWS クラウドと業界知識

専門知識
試験ガイドで指定された専門知識分野に関する技術的な AWS クラウドでの経験

　本書が対象としているクラウドプラクティショナーという資格は、AWS全体の資格の中で基礎コースに位置づけられるものです。具体的には「6ヶ月間の基礎的な AWSクラウドの実践と業界知識」が必要なレベルとされており、実務的な内容も含めての理解が求められるものになっています。

　Amazonが公表しているAWS認定クラウドプラクティショナーの試験ガイド（CLF-C02）によると、この試験で評価する能力は次の通りです。

- AWSクラウドの価値を説明する
- AWS責任共有モデルを理解し、説明する
- セキュリティのベストプラクティスを理解する

- AWSクラウドの<u>コスト、エコノミクス、請求方法</u>を理解する
- <u>コンピューティングサービス、ネットワークサービス、データベースサービス、ストレージサービス</u>など、AWSの主要なサービスを説明し、位置付ける
- 一般的ユースケース向けのAWSのサービスを特定する

　アンダーラインは著者が付けたものですが、こうした部分の基本を押さえて解答する問題になっています。またAWSクラウドについて幅広く理解を確認するための試験になっています。今の時点では、上の用語のイメージが付かなくても大丈夫です。順を追ってご説明いたします。

試験の概要

クラウドプラクティショナー試験の概要は次の通りです。

試験の回答形式	65個の問題（複数選択または複数応答のいずれか）
実施形式	Pearson VUE テストセンターまたはオンライン監督付き試験
合格基準	700点以上（100 ～ 1000点の採点）
時間	90分
受験料	11,000円（税抜き）
言語	英語、日本語、韓国語、簡体字中国語、繁体字中国語、バハサ語（インドネシア語）、スペイン語（スペイン）、スペイン語（ラテンアメリカ）、フランス語（フランス）、ドイツ語、イタリア語、ポルトガル語（ブラジル）

　AWS認定試験は、試験配信プロバイダーであるピアソンVUEを通じて全世界で実施されています。

試験の回答タイプ

試験ガイドには、出題形式について次のように書かれています。

試験の質問には以下の2種類があります。

- 択一選択問題：選択肢には1つの正解と3つの不正解（誤答）があります。
- 複数選択問題：5つの選択肢のうち、2つが正解です。

文章にもっともよく当てはまるもの、または質問の回答となるものを1つ以上選択します。不正解の選択肢は、知識やスキルが不十分な受験者が間違えやすいもので構成されています。多くの場合、試験の目的に応じた出題分野に当てはまる、もっともらしい回答になっています。

解答しなかった場合は不正解とされるため、推測ででも答える方が有利です。

つまり、4つの選択肢の中から1つを選ぶ4択問題以外に、5つの選択肢から2つを選ぶものもあります。そのため、用語は正確に理解にしておくことが必要です。

また、試験は65問回答しますが、そのうち50問がスコアに影響する設問であり、15問がスコアに影響しない採点対象外の設問とされます。15問も採点されないため、難しい問題と思ってもあきらめずに全問選択しておくことが大切です。

Section 1-5 試験の範囲

クラウドプラクティショナー試験の範囲は次の分野であり、それぞれ出題の比重が異なっています。

分野	試験における比率
分野1　クラウドのコンセプト	24%
分野2　セキュリティおよびコンプライアンス	30%
分野3　クラウドテクノロジーとサービス	34%
分野4　請求、料金、およびサポート	12%

詳細については、AWSのウェブサイトをご確認ください。

https://aws.amazon.com/jp/certification/certified-cloud-practitioner/

AWSの基礎的な試験というと、AWSサービスの基本的な技術を理解すればいいと思いがちです。

しかし前掲のクラウドプラクティショナー試験の出題比率を見ると、「クラウドのコンセプト」や「セキュリティとコンプライアンス」という出題分野がおよそ半分を占めています。そのため、技術面のみならず「なぜクラウドを利用するのか」「お客様のメリットとは何か」、そしてインターネット上で接続するクラウドであるため「セキュリティはどのように対応しているのか」といった点をきちんと押さえておくことが大切になります。

つまり、AWSのサービスやテクノロジーのみならず、「クラウドとは何であるか」という根本的な理解を確認する試験となっているのです。とても視野の広い資格試験といえますし、内容を理解することで、ビジネスの全般的なことを含め、様々な業務での活用範囲が広がる試験といえます。

試験合格のメリット

　AWS認定されることにより、AWSから提供される利点としては「デジタルバッジの利用」「試験の割引」「イベントでの認知」「AWS認定グローバルコミュニティへの参加」「無料の模擬試験バウチャーの利用」「AWS認定ストアの利用」があります（https://aws.amazon.com/jp/certification/benefits/）。

　これらはAWSからの特典なのですが、クラウドプラクティショナーを合格することによって、仕事の上では、次のような実益に直結するようなメリットがあると考えております。

- AWSのサービスの利用にあたり、基礎理解ができている証明になる。
- AWSクラウドを活かした価値提案ができる証明になる。
- より深いAWSの理解と活用への第一歩になる。

　このように試験合格は、より深いAWSの理解や活用への一歩になりますが、AWSの利用がまだの方はこの機会にAWSの利用を始めてみてください。クレジットカードがあれば、簡単にアカウントを作り始めることができます。また無料枠もたくさんありますので、ぜひ手を動かして使ってみてください。

https://aws.amazon.com/jp/

本書の構成

本書は、AWSやクラウドが初めての方を対象としています。またITの知識についても、十分な経験がなくともITへの拒絶反応を示さなければ、読み進められるようにまとめました。

ただし、ITについてさらに理解を深めるためには、独立行政法人情報処理推進機構が提供する情報処理技術者試験のITパスポート（特にテクノロジー系の部分）の理解があると、より良いでしょう。

クラウドやAWSでは、新しい用語がいろいろと出てきます。そのため、まずはこうした新しい用語を覚えることに、本書を使っていただくことで、AWSクラウドの全体像を押さえていただけるものと思っております。

本書では、次のステップで学習を進められる構成となっております。

①試験について理解する

第1章では、試験の内容について確認できます。

②クラウドの概念について理解する

第2章では、クラウドの概念について理解できます。普段使っていないような用語もあるため、わからない用語がないようにしてください。正しくクラウドの概念を理解しておくと、その後の理解が進みます。

③AWSクラウドの特長と主要サービスを理解する

第3章と第4章では、AWSクラウドの特長と、主要なサービスを理解できます。これによって、その後の全体サービスへの筋道が付くようになります。

④Well Architectedフレームワークの6つの柱を理解する

第5章〜第9章では、6つの柱（優れた運用効率、セキュリティ、信頼性、パフォーマンス効率、コストの最適化、持続可能性）のうち、持続可能性を除いた重要な項目に沿って、章を分けて主要トピックを説明しています。ここまでの部分が理解できれば、試験の範囲については網羅できます。

⑤実践問題を解いてみる

第10章では、実際の問題と同等レベルの練習問題を掲載しています。問題を多く解くとともに、解説でポイントを確認することによって、試験に向けた実践力が身につきます。ここまでで合格できる力が身につくでしょう。

⑥アーキテクチャ原則とベストプラクティスを知っておく

第11章では、AWS上でのシステムの設計思想でもあり、ベストプラクティスであるWell Architectedフレームワークの重要な5つの柱を具体的に説明します。クラウドプラクティショナー試験の範囲外となる補足情報ですので、必ずしも読まなくても大丈夫です。ただし、ソリューションアーキテクトアソシエイト試験にも繋がる重要な原則であり、今後のご自身の業務にも役立つ内容ですので、参考にしてください。

⑦AWSサービス用語を知っておく

第12章は、AWSサービスの用語集です。短い文章でまとめています。AWSのサービスはその数が非常に多くありますので、直接の正答でなくても問題の選択肢としても多く登場します。聞き覚えないような用語も、1回は目を通しておくと問題に用語が出た時に慌てないと思います。

※AWSのサービスは「Amazon xxxxxxxxx」や「AWS yyyyyyyyy」という正式名称が使われています。ただし本書では紙面の都合上、AmazonおよびAWSは省略して記載している場合があります。

※本書はAWS認定クラウドプラクティショナー試験に向けたものとして、試験準備と理解のための記述を中心にしております。そのため、詳細なAWSサービス内容や料金、設定情報および最新情報については、AWSの公式サイトでの確認をお願いいたします。

Chapter 2

クラウドの概念

この章では一般的なIT用語の中で、特にクラウドに関して使用される用語について説明します。これらの用語理解はAWSクラウドにおいても、習得の前提となります。各用語について既に理解されている方には必要ありませんが、不安な所があれば、復習の意味で確認されることをお薦めします。

クラウドコンピューティング

🔍 Point

クラウドコンピューティングとは、インターネット上に浮かぶ雲のような所にアクセスして、物理的には見えないコンピュータを利用することである。

クラウドファンディングやクラウドコンピューティングなど、クラウドという言葉を耳にする機会が増えています。ただし、クラウドファンディングは群衆（crowd）からの資金調達（funding）という意味です。一方、クラウドコンピューティングは雲（cloud）の中のコンピューティング（computing）ですので、同じクラウドでも意味が異なります。

この雲（cloud）という言葉は、2006年に当時GoogleのCEOだったエリック・シュミット氏が利用したのが最初とされています。クラウドコンピューティングとは、物理的にいえばインターネットを通してその先にあるコンピュータを利用する行為ですが、利用するユーザーからはコンピュータの物理的なインフラ部分が見えないため、それをインターネット上に浮かぶ雲のようなものというイメージで喩えたのだとされています。つまり、クラウドコンピューティングは、技術というより利用形態を指している言葉といえます。

技術的には、クラウドコンピューティングは、インターネット技術や仮想化技術というものが基本になっています。

雲（cloud）

群衆（crowd）

Section 2-2 仮想化技術

🔍Point

仮想化技術は、物理的なコンポーネントを、複数の論理的なコンポーネントに分割して利用する技術（複数の物理的な機器を1つの論理的なコンポーネントとして扱うことも可）。クラウドの基本となる。

　ある業者が、コンピュータを10台購入して、それぞれ1台ずつインターネットを介して貸し出し、月額料金を徴収するサービスを開始したとします。これもクラウドのサービス形態の一種といえます。

　しかし、現実的にはそういう形態は流行っていません。なぜなら、業者としてはコストがかかってしまってメリットがないからです。

　そこで仮想化技術の出番になります。

　例えば1台の「物理的」なコンピュータを、あたかも10台のコンピュータがあるかのように「論理的」に分割して、10人の人に共有して利用してもらったらどうでしょうか。これなら業者としてお得ですね。これが仮想化技術です。

　しかも、10人のうち、実際には平均2人しか使っていないとしたら、倍の20人に共有して使ってもらっても問題ないでしょう。その分、月額料金を安くすることもできそうです。

　また、この「論理的」に利用できる技術を使えば、逆に複数のコンポーネントを1つの論理的なものとして利用することも可能です。例えば、数多くの物理的なハードディスクを1つの大きなストレージとして仮想化し、データの置き場所に利用させることもできます。

　クラウドではこうした仮想化技術をうまく活用して、目に見えない雲の中で、ユーザーに安く、利用しやすいサービスを提供しています。

インスタンス

◆Point

インスタンスは、仮想化技術によって、利用者で共有される論理的な仮想サーバーのこと。「EC2インスタンス」というAWSの機能がある。

　AWSの基本サービスの1つとして、EC2（Elastic Computing Cloud）があります。頭文字にCが2つあるのでEC2とされています。

　EC2は簡単にいうとコンピュータのサーバー機能なのですが、インスタンスという言い方をされています。インスタンスとは、EC2で実際に稼働させた仮想サーバーになります。「稼働させた」という点がミソです。

　実際の物理的なサーバーはDVDプレーヤーのような形をしています。しかしEC2インスタンスには、このような物理的な形はありません。必要に応じてコンピュータサーバーのメモリ上に、プログラムとデータを合わせて展開され動かされたものだからです。その稼働させたものがインスタンスと呼ばれるものになります。

　EC2インスタンスはAWS上の物理的なサーバーのどこかで動いているものですが、物理的なサーバーはクラウドの多くの利用者で共有されています。AWSのクラウド事業者としての大きな役割の1つは、仮想化技術を使って、このEC2インスタンスを制御することです。

　EC2インスタンスは、どこかで動いているようなものなので、利用者としてはそれなりのことを考えないといけません。

　例えば、クラウド内部は利用者からは見えないのですが、コンピュータなのでハードウェア障害もありえます。クラウドで動かすハードウェアはIA（インテルアーキテクチャ）というパソコンと同じものです。高価で堅牢なハードウェアではありません。そのため、1つぐらいインスタンスが停止しても、大丈夫なような設計を考えるべきです。これはアーキテクチャ原則として後述します。

Section 2-4 インターネットプロトコル

Point

インターネットプロトコル（IP）は、パケット単位でデータを転送する仕組み。いくつもの手続き（プロトコル）が地層のような構造になって構成されている。

インターネットは私たちの生活になくてはならないものになりました。ほとんどの人がスマホやPCを使い、友達同士でLINEをしたり、ネットのゲームをしたり、YouTubeを見たりしていますが、これらはインターネット技術がベースにあります。

インターネットというとカフェでのWiFi接続をイメージしたり、スマホのパケット通信のイメージがあったりすると思います。こうした「パケット」単位でデータを転送する仕組みが、インターネットプロトコル（IP）です。

プロトコルというのは、通信における手続きのことです。例えば、相手の宛先をどのように認識して、どういう順番で、どういう内容を、どの形式で送るといった手続きが決められています。

通信プロトコルはたくさんありますが、現在もっとも一般的に使われているのがインターネットプロトコルです。これらは地層のような構造になっていて、それぞれの層で次のように目的と手続き（プロトコル）が異なります。

- アプリケーション層……データを表示させ、アプリケーション固有の機能を実現するもの。代表的なプロトコルは、ウェブに表示させるHTTPなど。
- トランスポート層……エンドツーエンドの通信の信頼性を確保させ、アプリへのデータを振り分けるもの。代表的なプロトコルは、TCPなど。
- インターネット層……宛先までデータ通信を届かせる。エンドツーエンドの通信を実現するもの。

IPアドレス

Section 2-5

> **Point**
>
> IPアドレスは、インターネットで通信相手を識別するための識別情報である。

　前頁のアプリケーション層、トランスポート層、インターネット層がインターネット通信のプロトコルといいましたが、この中のインターネット層では、通信の相手先が誰であるかを、IPアドレスで識別します。

　例えば、電話をかけるなら電話番号、家に訪問するのなら住所といった具合に、相手を識別できないと着信したり、到着したりすることはできません。同じようにインターネット上では、IPアドレスがわからないと相手と繋がることができないわけです。

　IPアドレスは、32ビット（IPv4の場合）の2進数で表されます。ただ、これではわかりにくいので、32ビットを8ビットずつ4つに区切り、それぞれ10進数に変えたものが一般的にIPアドレスとして見かけるものになります。

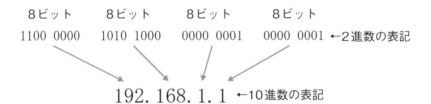

　またIPアドレスには、ネットワークを識別するための「ネットワーク部」とそのネットワーク内の個々のサーバーなどの機器を示す「ホスト部」があります（2-7「サブネットマスク」参照）。

グローバルアドレスと プライベートアドレス

Section 2-6

2

> **◆Point**
>
> IPアドレスは、その利用範囲に応じて、インターネット全体で使うグローバルアドレスと、企業内などの閉じられたネットワークで利用するプライベートアドレスに大別できる。

IPアドレスは、その利用範囲によって2つに大別できます。1つは、オープンなインターネットで利用するグローバルアドレス、もう1つは、企業の中で使うような閉じられたネットワークで利用するプライベートアドレスです。

グローバルアドレスは、インターネット上では必須です。インターネット全体で重複しないように管理されています。

一方、プライベートアドレスは企業内や家庭内で使用するものなので、そのIPアドレスは閉じられたネットワークの中で、自由にどの範囲を使うか決めることができます。

さて会社のパソコンから、インターネットのウェブサイトにアクセスしたりします。その際はどのアドレスを使っているのでしょうか。この場合、会社の機器に設定されたプライベートアドレスと、インターネットに出るためのグローバルアドレスを、相互変換する仕組みを使っています。これがNAT（Network Address Translation）という仕組みになります。

AWSで自社のネットワークを設定する場合は、インターネット上にあるクラウドという雲の中に、自社独自のプライベートアドレスで構成します。その自社独自のプライベートアドレスの中から、インターネットにアクセスするには、NATゲートウェイという機能を設定します。

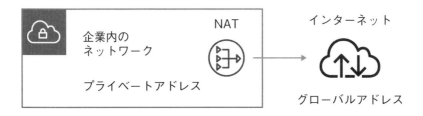

サブネットマスク

Point

サブネットマスクは、IPアドレスのネットワーク部とホスト部の区切りを表すものである。

　いきなり巨大なネットワークの中で誰か1人を探すよりも、あるネットワークをまず探して、その中で1人を探す方が効率的です。余計な所に行く必要がなくなります。例えば、全世界からどじょう屋さんを探すのではなくて、まず東京都台東区駒形を探し、そこからどじょう屋さんを探す方が効率的ですね。

　インターネットでIPアドレスをネットワーク部とホスト部を区切るのも、同じ考え方から来ています。どじょう屋さんの例なら、東京都台東区駒形がネットワーク部で、どじょう屋さんがホスト部にあたります。

	8ビット	8ビット	8ビット	8ビット	
IPアドレス	1100 0000	1010 1000	0000 0001	0000 0001	192. 168. 1. 1
	ネットワーク部			ホスト部	
サブネットマスク	1111 1111	1111 1111	1111 1111	0000 0000	/24

　さてIPアドレスでわかりにくいのは、ネットワーク部とホスト部の区切り方が一定ではない点です。この区切りはサブネットマスクというもので表しています。

　上の表記例では、下にサブネットマスクのビット列があります。左から1が24個並んでいますね。これをサブネットマスクといい、/24というように書いて、ネットワーク部を示します。この技術をCIDR（Classless Inter-Domain Routing、サイダー）といいます。ネットワーク部を除いた残りがホスト部なので、上の表記例ではホスト部のアドレス数は8ビットとなり、表現できる数は256個となります。

　区切りは一定ではないので、例えば、左から1が25個ある場合、ネットワーク部は25ビット（/25と表記）となります。その場合、残りのホスト部のアドレス数は7ビットなので、表現できる数は128個になります。

Section 2-8 トランスポート層のポート番号

> **🔖Point**
>
> トランスポート層のポート番号は、振り分け先のアプリケーションを識別するための識別番号である。

IPアドレスの上の層にトランスポート層があります。この層ではアプリケーションへのデータの振り分けをします。

例えば、1台のスマホでもウェブサイトを見たり、メール着信したりしますね。この場合、同じIPアドレスでもアプリケーションが違うので、そこへの振り分けをこのトランスポート層がします。

振り分け先はポート番号によって識別します。ポート番号には以下のようなものがあります。

プロトコル （アプリケーション層）	TCPの ポート番号	プロトコル概要
HTTP	80	ウェブサイトにアクセス
HTTPS	443	ウェブサイトにセキュアにアクセス
SSH	22	セキュアに機器を遠隔操作
Telnet	23	機器を遠隔操作
MSSQL Server	1433	データベースポート（MS SQL）
MSSQL Monitor	1434	データベースポート（MS SQLモニタ）
Oracle	1521	データベースポート（Oracle）
MySQL	3306	データベースポート（MySQL）
PostgreSQL	5432	データベースポート（PostgreSQL）

上の表の中では22（SSH）、23（Telnet）、1433（MSSQL Server）、1434（MSSQL Monitor）、3306（MySQL）、Oracle（1521）、5432（PostgreSQL）はセキュリティ上、接続相手のIPアドレスを自由にせず、制限をかけることが推奨されています。

Section 2-9 ドメイン名とDNSによる名前解決

Point

ドメインはホスト名の集まり。URLがwww.example.comなら、wwwがホスト名で、example.comがドメイン名となる。ホスト名からIPアドレスを求めるためにはDNSというプロトコルを用い、これを名前解決という。

インターネットでウェブサイトにアクセスする時は、ホスト名、ドメイン名（URL）を何らかの手段で知った上で接続します。例えばwww.example.comというURLなら、wwwがホスト名で、example.comがドメイン名となります。実際にこうした英文字を打鍵しなくても、Google検索した結果をクリックすると、このURLに飛んでいきます。

しかしインターネットプロトコルでは、相手先に到達するためにIPアドレスが必要です。そこで、DNS（Domain Name System）というインターネットの電話帳のようなプロトコルで、ホスト名からIPアドレスを求めています。このようにホスト名からIPアドレスを求めることを名前解決といいます。

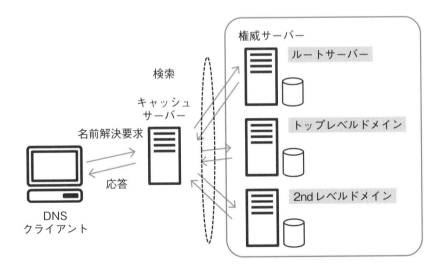

Section 2-10
クラウドの種類（IaaS、PaaS、SaaS）

Point

クラウドの種類としては、IaaS、PaaS、SaaSといったものがある。

　クラウドコンピューティングでは、利用形態による種類分けができます。代表的なものとしてIaaS（Infrastructure as a Service）、PaaS（Platform as a Service）、SaaS（Software as a Service）があります。詳しくは、下表のようになります。クラウド事業者の提供がない部分は、利用者による自由な活用ができる反面、管理が必要です。

	IaaS	PaaS	SaaS
アプリケーションソフトウェア	（利用者による活用）	（利用者による活用）	クラウド事業者提供
データベースなどのミドルウェア	（利用者による活用）	クラウド事業者提供	クラウド事業者提供
オペレーティングシステム	（利用者による活用）	クラウド事業者提供	クラウド事業者提供
仮想サーバーやネットワークインフラ	クラウド事業者提供	クラウド事業者提供	クラウド事業者提供
考え方	仮想マシンを提供されるイメージ	ミドルウェアまで既にある状態	アプリが既にあって利用するイメージ
AWSでの呼び方	インフラストラクチャサービス	コンテナサービス／抽象化サービス	
AWSサービス例	EC2、EBS、VPC	（コンテナサービス）RDS、ECS ／（抽象化サービス）DynamoDB、S3、SQS、SES、Lambda	

　AWSではインフラストラクチャサービス、コンテナサービス、抽象化サービスと呼んでおり、それぞれに対応した数多くのサービスが提供されています。

Section 2-11 ハイブリッドクラウド

🔍 Point

一般的には、クラウドとは、インターネットを介したパブリッククラウドを指す。一方、パブリッククラウドの技術を自社のデータセンターに持ち込んだものがプライベートクラウド。さらに、パブリックとプライベート両方を組み合わせた形態をハイブリッドクラウドという。

「パブリック（public）」という用語には、「公共の」とか「公開の」といった意味があります。IT用語としては、範囲が限定されていない、開かれているシステムを指すことが多く、インターネットそのものの意味でも使われます。この対義語が「プライベート（private）」になります。

クラウドにも、パブリッククラウドとプライベートクラウドがあります。

AWSクラウドはパブリッククラウドです。インターネット上でオープンに利用できるからです。

一方、プライベートクラウドというものもあります。これは、パブリッククラウドでの仮想化技術などを、自社のデータセンターに持ち込んで、自社内のクラウドとして構築するというものです。

また、パブリックとプライベートの両方を組み合わせた形態をハイブリッドクラウドといいます。

パブリッククラウドは高度なセキュリティ機能を持ちます。一般のデータセンターでセキュリティ認証を取得するよりも、AWSなどでは多くのセキュリティ認証資格をパスしています。そのため、従来、セキュリティを心配する利用者は、セキュリティ重視のシステムはプライベートクラウドで構築し、低コストで運用したいシステムはパブリッククラウドで構築するというような使い分けをしていました。こうした利用形態がハイブリッドクラウドの出発点です。

もっとも、現在はセキュリティ面よりも、オンプレミスでしかできないようなベンダー独自のシステムをプライベートに残し、後はパブリッククラウドという形態が増えてきています。

Section 2-12 オンプレミス

🔍Point

間借りするのがクラウド、自前で用意するのがオンプレミス。

　クラウドは、インターネットを介して、サーバーやデータベース、ストレージ、アプリケーションを、1時間単位とか1秒単位で、間借りすることができるITサービスです。間借りなので、止めたければ、明日止めることだってできます。こうしたITサービスを提供しているのが、AWSのようなクラウドサービスベンダーになります。

　一方、自前でデータセンターの設備を用意する形態をオンプレミスといいます。データセンターの設備としては、まずビルの入口にしっかりしたセキュリティのチェックがある建物が求められます。マシンルームには床上げしたフロアがあり、コンピュータを設置する棚（ラック）も必要です。そのラックにサーバーやストレージなどの機器を設置します。またコンピュータなので、OSやデータベースのソフトウェアを導入する必要もあります。そしてデータセンターの外部と接続するためには、ネットワーク回線やLANケーブルが必要になります。

オンプレミス　　　　　　　クラウド

　　自前の設備　　　　　　　設備を間借りする

　このような自前の設備（オンプレミス）と間借り（クラウド）の違いは、クラウドのメリットを説明する上で重要となります。

Section 2-13 オンプレミスのキャパシティ設計

🔧Point

オンプレミスでは、自前でサーバーなどの機器を調達するため、台数やスペックをあらかじめ見積もるためのキャパシティ設計が必要になる。

オンプレミスでは、実際に設置する設備があるため、そのコンピュータシステムを導入するにあたっては、サーバーの台数やCPUの速さといったスペック、あるいはストレージやデータベースの容量などを事前に設計する必要があります。これをキャパシティ設計といいます。

キャパシティ設計では、これから設計するシステムに対して、ピーク時にどのくらいCPUが必要になるかなど、今後の需要を見越して設備を見積もります。次のシステム刷新が5年後としたら、それまでの期間、耐えうるような機器を調達しておくことが必要になります。

このようなオンプレミスのコンピュータシステムの場合、まだ完成していないシステムのキャパシティを事前に設計することになるため、当てが外れて過剰なシステム投資になる可能性があります。反対にシステムのキャパシティが過少な場合はアクセス数の増加に対応できず、機会損失を招いてしまいます。

オンプレミス   クラウド

自前の設備   設備を間借りする
キャパシティ・性能の設計   需要に応じて増減
機器調達までの期間が必要   必要な時にすぐに利用

重要度：★★★★★

Section 2-14 オンプレミスのメリット

Point

自前でサーバーなどの機器を調達するオンプレミスも、利用用途によってはメリットがある。

クラウドは基本的にLinuxやWindowsというOSを導入できるIAサーバーを中心に発達したオープンシステムです。そのため、それ以外の大型で堅牢なメインフレームといったシステムは、クラウドでそのまま動かすことはできません。そのため、メインフレームなどのベンダー独自のOS上でシステムを稼働させる必要がある場合は、オンプレミスが選択肢になります。

また24時間システム稼働しながらも、利用者の増減が少なく、変更やメンテナンスも少なく、今後も利用頻度が一定であるようなシステムである場合、最低限のシステムで対応したオンプレミスの方が安価な場合もあるでしょう。

ただし、クラウドは間借りするという特徴によって、多くの利点が生まれました。特にAWSは、2006年にサービスを開始した世界最大のクラウドベンダーであり、AWSを利用することのメリットは多くあります。これらのメリットについては、別な所で、詳細に見ていきます。

Section 2-15 クラウドと ITアウトソーシングの違い

Point

ITアウトソーシングは、コンピュータやインターネット技術での外部委託であり、クラウドと同様にコスト構造を変えることになるが、支払い方法が異なる。クラウドはユーザー数や使った分だけの支払い、ITアウトソーシングは契約に基づく固定的な支払いが一般的。

　ITアウトソーシングは、銀行システムといった大規模なシステムにおいて、向こう10年といった契約で、データセンターを一括して業務委託するような契約形態です。それまでシステムを購入していたのに対して、90年代後半から広まった利用形態となります。自前ではなく、ベンダーに委託し、コスト構造を変えていくという点では、クラウドと同様なコンピュータシステムの利用形態といえます。

　しかし、ITアウトソーシングとクラウドには違いもあります。まず、ITアウトソーシングはベンダー任せが多い一方で、クラウドはセルフサービスモデルです。また、ITアウトソーシングは個別の契約に基づく支払いであるのに対して、クラウドでは細かくユーザー数やサービスの利用時間によって課金される点が異なります。

	ITアウトソーシング	クラウド
ユーザー利用方法	ベンダー任せ	セルフサービスモデル
支払い方法例	契約に基づく支払い	利用時間単位の従量課金

　こうしたことから、これまでITアウトソーシングとしてベンダーに丸投げしていたようなユーザーの場合、考え方を変えないとクラウドの利用は難しくなります。ユーザー側でのセルフサービスとして考え、クラウドの特性を考慮して利用しないと、安全な利用やコストメリットが享受できないからです。

Section 2-16 リージョン

🔍Point

リージョンとは、完全に独立し、地理的に離れたクラウドの領域のことである。

リージョンは英語では「地域」「地方」という意味になりますが、クラウドの用語としては、独立し地理的に離れた領域を指します。

AWSでは、2023年10月時点のリージョン数は32になっています。東京リージョン、大阪リージョン、シンガポールリージョンといった形で、世界中にあります。

● リージョン　● 近日公開

※ https://aws.amazon.com/jp/about-aws/global-infrastructure/

2022年2月1日現在

各リージョンは他のリージョンから完全に独立しているため、他のリージョンの影響を受けません。またデータはリージョン内に常駐するため、例えば「国外へのデータ持ち出しの禁止」といったコンプライアンス要件を遵守することができます。

Section 2-17 アベイラビリティゾーン（AZ）

🔍 Point

アベイラビリティゾーン（AZ）は、リージョン内に位置し、物理的に別個の独立した場所にあるインフラストラクチャ。そのためAZを分けることにより、システムの信頼性を高めることができる。

リージョンの中にアベイラビリティゾーン（AZ）があります。アベイラビリティゾーンというデータセンター群が複数、その地域にあるという形態です。

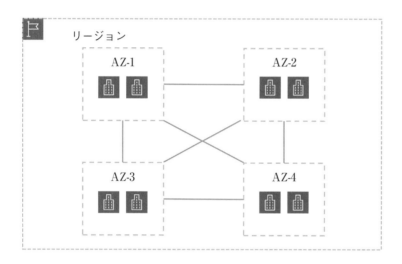

東京リージョンの場合は、2023年10月現在、4つのAZがあります。ただしどこにAWSのデータセンターがあるかはセキュリティ上、公開されていません。そのため例えばAZというデータセンター群は、一方は千葉にあり、一方は多摩地区にあるかもしれません。

AZ間は高速回線で結ばれており、低レイテンシーを実現しています。

このようにAZを使い分けて、リソースを分散配置するような利用方法を、マルチAZといいます。これによって、1つのAZで障害があってもシステムがダウンせず、業務継続できる可能性を高めることができます（高可用性の実現）。

エッジロケーション

Point

リージョンやアベイラビリティゾーンとは別の、ユーザーに近い場所で動作させるデータセンターをエッジロケーションという。世界中のユーザーに提供するシステム用に用いられる。

　エッジロケーションは、リージョンやアベイラビリティゾーンとは別のデータセンターです。エッジなのでユーザーに距離的に近い所にあります。

　エッジロケーションを活用することで、東京リージョンにアプリケーションがあったとしても、地球の裏側にあるユーザーは、そのユーザーの近くのエッジロケーションにアクセスすることで、アプリケーションの応答時間（レイテンシー）を短縮することが可能になります。コンテンツ配信をするCloudFrontなどで利用されます。CloudFrontでは300以上のエッジロケーションと13のリージョン別エッジキャッシュにより、ユーザーに近い310以上を活用可能です。

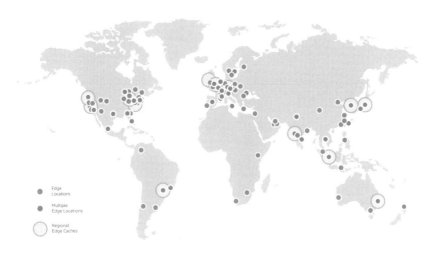

※https://aws.amazon.com/jp/cloudfront/features/　2022年2月1日現在

Section
2-19

弾力性（エラスティック）

Point

ビジネスの変化に応じてスケールアウトやスケールアップが可能なことを、弾力性（エラスティック）があるという。クラウドの特徴の1つ。

AWSには、Elastic Computing Cloud（EC2）とか、Elastic Block Store（EBS）とか、Elastic（エラスティック）という言葉を使っているサービスが数多くあります。エラスティックとは弾力性、つまりゴムのように伸びたり縮んだりするという意味です。

弾力性は、クラウドの特徴を示しているものの1つといえます。この弾力性があるために、最初から大きなサイズのサーバーを用意しなくても、ビジネスの変化や必要性に応じて、サイズを変更できます。

サイズを大きくする方法としては、スケールアウトとスケールアップがあります。スケールアウトは数、台数を増やすことで（減らすことはスケールイン）、水平スケーリングと呼ばれます。またスケールアップは、装置のサイズをアップすることで（サイズダウンはスケールダウン）で、垂直スケーリングと呼ばれます。

AWSでは、いずれの方法でもビジネスの変化に応じてサイズ変更可能です。

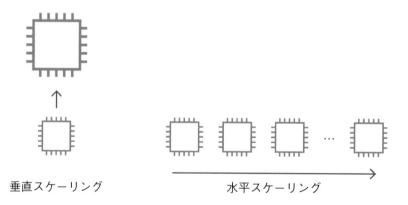

垂直スケーリング　　　　　　　　　水平スケーリング

Section
2-20 プロビジョニング

🔍Point

コンピュータの資源の割り当てや設定などを行い、利用や運用が可能な状態にすることをプロビジョニングという。

プロビジョニングという言葉が、IT用語としてよく聞かれるようになりました。一般的には、コンピュータを利用したり、運用したりする前の準備として、資源の割り当てや設定などを行うことをプロビジョニングといいます。

クラウドでは、利用者のリクエストに基づいて使えるようにしていることから、この言葉が使われるようになりました。そのためクラウドにおいては、プロビジョニングとは、利用者が何らかの機能を使えるようになるためのプロセスのことだと考えておけばいいでしょう。

例えば、サーバープロビジョニングとは、サーバーへOS（オペレーティングシステム）や必要なソフトウェアを導入し、各種のシステムやネットワークなどについての設定を行うことを指します。また、ユーザープロビジョニング（あるいはアカウントプロビジョニング）とは、ユーザーアカウントの作成やアクセス権限の設定などを行うことを指します。

クラウドでは、こうしたサーバーの設定において、ボタン1つでプロセスが完了するように自動化されていたりします。そのためITリソースの割り当ての自動化プロセスの自体をプロビジョニングといったりもしています。

Section
2-21

ワークロード

🔍 Point

ワークロードとは、あるビジネス価値をもたらすソフトウェアシステム（ITリソース、プログラムコード、データ）の集まりのことである。

一般的には、ワークロードからは「負荷」という意味が思い浮かびます。コンピュータの世界でも、CPU使用率やメモリ使用率などで表される負荷の大きさの意味にも使われます。

ただし、昨今のクラウドの用語では、あるソフトウェアシステム全体のことをワークロードと呼ぶケースが多くなっています。つまりオペレーティングシステム（OS）やミドルウェア、アプリケーション、データを含めた、あるソフトウェアシステム（あるいはメモリイメージ）の全体を指したりします。

より具体的には、あるビジネス価値をもたらすソフトウェアシステム（ITリソース、プログラムコード、データ）の集まりをワークロードと呼びます。例えば、ある営業支援システムのアプリケーションとして、スマホで営業活動の登録ができるフロント系アプリケーションがあり、バックエンドでは営業活動の訪問履歴を保管するデータベースがある場合、それらを含めて1つのワークロードということができます。

小規模な企業で数ワークロード、大企業では数千ワークロードになることもあります。

重要度：★★★★★

Section
2-22

デプロイ

2

Point

デプロイとは、開発したソフトウェアを実際の環境に配置、展開して、システムを利用可能な状態にすることである。

　デプロイ（deploy）という英語の訳は、「配置する」とか「展開する」といった動詞になります。つまり、「デプロイすると使えるようになる」というイメージです。

　そのため、広義には、リリース済みのプログラムなどのアップデートおよびアップグレードや、ソフトウェアのアンインストールなどの工程を含む場合があります。

　また、開発環境からステージング環境へシステムを反映させることも、ステージング環境から本番環境へ反映させることも、「デプロイする」と表現できます。

　共通していえることは、デプロイすることによって、そのアプリケーションシステムが利用可能な状態になるという点です。

Section 2-23 グローバル性（グローバルリーチ）

🔍Point

グローバルリーチとは、エッジロケーションなどを使って世界中のお客様の近くでビジネスを行うことである。類似の用語でグローバルフットプリントともいわれる。

　国内のお客様とのビジネスが主体であると、グローバルでのビジネス展開について普段考えられない方もいらっしゃると思います。これはソフトウェア開発についても同様で、国内のお客様を主力ターゲットとしているケースが多いでしょう。

　しかし、一方で英語圏の国々では、例えばアメリカ国内のリージョンで開発し、リリースしたアプリケーションを、イギリス、オーストラリア、インド、シンガポールへも展開するということがよく行われます。これは世界中に潜在的なお客様がいて、そのビジネススケールをグローバル展開によって拡張することができるというメリットがあるからです。

　そして、そのためには、お客様の近くでアプリケーションを動かしたいと考えます。お客様からアプリケーションまでの応答時間を短く（低レイテンシーに）したいからです。そこで、画面表示のたびに表示の変更のないような静的コンテンツを、エッジロケーションというお客様の近い場所に配置するといった設計をします。

　例えば、動画ファイルは見る人によって変更がない静的コンテンツです。こうした静的コンテンツをお客様の近くに配置することによって、地球の裏側からでもストレスなくアクセスできるシステムになります。

　このようなグローバルへの展開をグローバルリーチといいます。

ディザスタリカバリー（DR）対策

🔧Point

ディザスタリカバリー（DR）とは、大規模障害時の復旧のこと。バックアップ＆リストア、パイロットライト、ウォームスタンバイ、マルチサイトの4つの対策がある。

ディザスタリカバリー（DR）とは、大規模障害に際しての復旧戦略のことです。大規模というのは、例えばデータセンターが地震で立ち入りできなくなったり、電源を消失したりといった、そのデータセンター全体に及ぶ障害を意味します。

そのための具体的な対策としては、コストがかからない順から、バックアップ＆リストア、パイロットライト、ウォームスタンバイ、マルチサイトがあります。

■バックアップ＆リストア

システムのある時点のバックアップを取得しておいて、別の場所に退避しておき、大規模障害の際はそのバックアップを戻す（リストア）という方法です。

■パイロットライト

別の場所にある障害時の復旧用システムを、いざとなった時に起動させる（普段は止めておく）というものです。

■ウォームスタンバイ

通常時にデータベースのデータをスタンバイ（予備）のシステムにも転送しておき、障害時にはスタンバイのシステムをメインのシステムに昇格させる方法です。

■マルチサイト

常時、別の場所でも同じようなシステムを起動させておき、1つのシステムで大規模障害があっても、別な場所のシステムで動き続けられるようにする戦略です。

このようにコストをかけることによって、障害時の復旧時間が早くなります。そのシステムの重要性とかかるコストを考慮しながら、戦略を選択することになります。

Section 2-25 転送データの暗号化

🔍Point

暗号化とは、転送データ保護や保管データ保護のために、正しい利用者以外には
データを判別できないようにする技術。インターネットで転送するデータの保護には、
公開鍵暗号方式が利用されている。

ネットワーク上で転送されるデータには、盗聴されるリスクがあります。これを防
止するために、生のデータをそのまま送るのではなく、送り元で数学的な演算処理
（暗号化）をして、そのまま見てもわからないデータにしてから送り、送り先でまた
数学的な演算処理（復号化）をして元のデータに戻すという方法があります。

この暗号化には暗号の鍵（キー）が用いられます。送信者がある暗号鍵を使って
データを暗号化したら、受信者もその暗号鍵を使って復号することになるわけです。

ただし、この方法では送信相手に暗号鍵を伝えておく必要があります。しかも第
三者に知られずにです。相手が複数いた場合、別々の暗号鍵を第三者に知られず
に送ることは非常に困難です。

そこで「公開鍵暗号方式」という方法もあります。この方式では、秘密鍵と公開
鍵がペアになっています。送信者は、受信者が公開している公開鍵を使ってデータ
を暗号化して送ります。受信者は、自分が持っている秘密鍵でデータを復号しま
す。あるいは逆に、秘密鍵で暗号化して、公開鍵で復号するということもできます。

この方式では、公開鍵では暗号化はできても復号はできず、また、復号に必要
な秘密鍵は誰にも公開する必要がないため、非常に安全です。

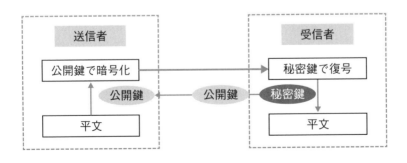

Section 2-26 デジタル証明書

🔍Point

公開鍵が本物であることを証明するものとして、認証局が発行するデジタル証明書がある。

　公開鍵暗号方式は、暗号鍵のネットワーク上でのやり取りの問題を解決しました。しかし、ここで新たな問題が発生します。それは、「その公開鍵は本物なのか」という問題です。悪意のあるウェブサイトといった受信者が、本来の受信者になりすまして公開鍵を公開すると、送信者はそうとは知らずに、その公開鍵を使ってデータを暗号化し、悪意のある受信者に大切なデータを送ってしまうかもしれません。

　そのような事態を防ぐためには、公開鍵が本物であることを証明する手段が必要となります。その手段として用いられるのが、デジタル証明書です。公開鍵の持ち主が、第三者機関である認証局に対してデジタル証明書発行の申請をすると、その申請に基づきデジタル証明書が発行され、本物であることを証明することができるという仕組みになっています。

　代表的な認証局の証明書はウェブブラウザにインストールされているため、相手が正しく認証局の証明書を取得しているかを簡単にチェックすることができます。

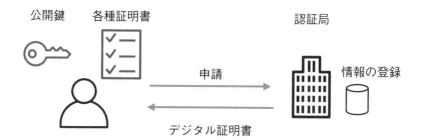

重要度：★★★★★

Section 2-27 アイデンティティの認証と アクセス管理

🔍Point

なりすましではなく、本人であることをアイデンティティという。システムを利用させるにあたっては、アイデンティティを確認（認証）し、その結果に応じた権限を与える（認可する）必要がある。こうした管理をアクセス管理という。

ネットワークやシステムを利用するユーザーや機器、あるいはアプリケーションについては、正しく本人であること（正規のものであること）を確認する必要があります。これらをアイデンティティの認証といいます。

その際には、何をもって本人であるかを確認するかが大事です。例えば、以下の確認方法があります。

- ユーザーが知っているはずの情報をもって確認する方法（パスワード認証など）
- ユーザーか持っているもので認証する方法（ICカードの認証など）
- ユーザーの身体的な特性（指紋や網膜など）を用いたバイオメトリクス認証
- 上記の認証方法を組み合わせた多要素認証（Multi Factor Authentication、MFA）

また、こうして本人確認ができ、アクセスに成功したユーザーだからといって、何でもさせていいわけではありません。その本人が持っている権限に応じた許可を与える必要があります（例えば「アプリケーションは利用できるが、インスタンスの停止はできない」など）。これを認可といいます。

AWSには、こうした認証と認可を提供するサービスとしてAWS IAM（Identity and Access Management）という非常に重要なアクセス管理サービスがあります。

Section 2-28 フェデレーション

2

🔍 Point

アイデンティティ（本人確認の情報）の連携を、フェデレーションという。Facebook
で本人確認した人の情報を、スマホアプリの本人確認時に利用するといったことに使
われる。

フェデレーションとは、アイデンティティ連携のことです。つまり、クラウドコン
ピューティングのサービス利用にあたり、認証に利用したアイデンティティ（本人確
認の情報）を、別のサービスでも連携して使用できるようにすることを指します。

本人確認できたことを別のサービスで使い回せる仕組みなので、シングルサイン
オン（SSO）と似ています。ただし、SSOは社内システムでの利用に限定されるもの
です。つまり、1回のログインによって、社内の様々なアプリケーションを利用できる
ようにするためには、SSOが使えます。

一方で、ネットワークドメインを超えた別のサービスと連携するためには、フェデ
レーションを使います。昨今はGmailやsalesforceといったSaaSアプリケーション
を社内システムで利用することが多くあり、それぞれのアプリケーションでのログイ
ン時のアイデンティティの認証情報を連携させるフェデレーションの仕組みが重要
になってきています。

フェデレーションを行うためには、SAMLやOpenIDといった技術が利用されて
います。

Section
2-29

DDoS攻撃とファイアウォール

⚙Point

セキュリティには、機密性、完全性、可用性という3大要素がある。その中で可用性の脅威として、分散型サービス妨害（DDoS）攻撃というものがある。

クラウドの概念には、セキュリティに関する項目が多く含まれています。これは、クラウドコンピューティングの発展において、セキュリティ対策が非常に重要であったからです。

情報セキュリティについては、ISO/IEC 27000の中で「情報の機密性、完全性、可用性を維持すること」と定義されています。

■ 機密性（Confidentiality）

許可された者だけが情報にアクセスできる状態を確保することです。

アイデンティティの認証や、暗号化などが、機密性対策となります。

■ 完全性（Integrity）

破壊や改ざん、消去がされていない状態を確保することです。

なりすましを防止するためのアイデンティティの認証や、不正アクセス防止などが、完全性対策となります。

■ 可用性（Availability）

いつでも情報を利用したい時に中断することなく、データおよびシステムにアクセスできる状態を確保することです。

この可用性への脅威として、大量のデータをウェブサーバーに送信して、そのサーバーのネットワーク通信に負荷を与えて利用できなくしてしまうというDDoS（Distributed Denial of Service、分散型サービス妨害）攻撃があります。

この可用性の脅威に対する基本的な対策としては、ファイアウォールで不正な通信を遮断したり、受けるサーバーを冗長化させたりして、多少の負荷に耐えられるようにするなどの方法があります。

Chapter **3**

AWSクラウドの特長

この章では、AWSクラウドの特長を説明します。AWSの特長は、AWSがなぜ選ばれているのかを説明するものなので、試験対策のみならず、お客様や社内にAWSを説明する際にも、外せない内容になります。

重要度：★★★★★

Section
3-1

AWSクラウドの6つの特長

Point
AWSクラウドの特長は6つある。

AWSクラウドの特長としては、以下の6つが挙げられます。

①固定費から変動費へ
②スケールによるコストメリット
③キャパシティの予測が不要
④スピードと俊敏性
⑤データセンターの運用と保守への投資必要なし
⑥数秒で世界中にデプロイ可能

この6つの特長はとても重要です。AWSの特長を説明する問題は、クラウドプラクティショナーの試験には多く出題されると考えられます。

また、これらの特長はまさにAWSのメリットそのものであり、他のクラウドサービス、その他のコンピューティングサービスでの利用形態と比較しても秀でている点といえます。そのため、自社での説明や、お客様への説明のためにも理解しておく必要がある内容です。

それぞれの特長について、詳しくは次ページ以降で説明していきます。

Section 3-2 固定費から変動費へ

3

🔍Point

最初に大きな設備投資（固定費）が発生せずに、需要に応じて費用（変動費）が発生するので、財務的に安全である。

十数年前までは、コンピュータシステムへの投資といえば、主に設備投資でした。つまり、工場を建設するのと同じように、向こう何年も利用する設備として、綿密に設計して、コンピュータ設備を調達し、システムを構築し、利用してきました。

こうした自前の設備であるオンプレミスの利用においては、先にも示したように、過剰な投資や、需要を読み切れなかったことによる機会損失の発生が数多くあります。特に最初は小さくスタートして、需要に応じて拡大していこうとするようなスタートアップ企業の場合、最初の大きな設備投資はリスクがありすぎるといえるでしょう。

一方で、AWSを利用すれば、最初に大きな設備投資が発生せずに、需要に応じて費用が発生します。財務的な見方をすれば、固定費を変動費へと変えられるわけです。固定費が少ないことは、特に資金力に乏しいスタートアップ企業にとっては、財務的に理想的といえます。そのためAWSは、スタートアップ企業の利用から始まったようです。

また大企業にとっても、新規事業としてIT利用をするケースにおいて、固定費として自前の設備投資や運用保守のコスト負担をしなくてよいクラウドは、ITシステムの総所有コスト（Total Cost of Ownership、TCO）の観点から考えてメリットがあります。

このようにコンピュータシステムへの投資を固定費から変動費にできることは、規模の大小にかかわらず、企業の財務上のメリットとなるのです。

Section 3-3 スケールによるコストメリット

Point

AWSでは、スケールメリットによって、サービス料金を値下げしてきている。

　AWSはサービス開始当初から、各サービス費用の低減を進めてきました。

　もともとAWSは世界最大のネットショップであるAmazonのシステムから出発しています。そのため、世界中に何百万という非常に大規模なコンピュータシステムを所有しているわけです。このように大規模にシステムを購入することにより、スケールメリットを活かした安価なシステムの調達が可能になるというのは、想像に難くないでしょう。その結果が、私たちが利用するAWSサービスの価格にも、値下げという形で還元されているのです。

　AWSを利用すると、企業の重要なシステムをクラウドに預けるような形になるので、途中で値上げされるとしたら、利用する側は不安になるでしょう。しかし、AWSではスケールメリットを活かして、これまでも継続して、サービス料金を値下げしてきているため、利用者も安心感を持てます。この点は、今後も続いていくものと考えられます。

　つまり、AWSにおいて、スケールメリットはAWS自体にとってだけではなく、我々、利用者にとっても有利に働いているのです。このようにスケールメリットが利用者に還元されている点もAWSの特長であり、良心的な所であると考えることができます。

重要度：★★★★★

Section
3-4

キャパシティの予測が不要

Point

AWSでは、機器やサービスのキャパシティの予測が不要になる。

AWSでは必要な時に、必要なITリソースを使用できます。そのため、オンプレミスのように、あらかじめ必要なIT機器を調達しておく必要はありません。つまり、調達にあたってのキャパシティ設計が不要になります。

従来のオンプレミスでのIT機器調達にあたっては、これから構築するシステムの大きさ、台数を綿密に計画していました。しかし、システムをまだ構築していない状態での予想に基づいた計画ですので、目論見が外れることも多くあります。例えば、過剰なサーバー設備になってしまい、CPUもメモリの使用率もスカスカだったり、夜間利用していない時はまったく遊んでしまっていたりといった具合です。

またインターネットでの人気商品のオンライン販売などでは、一気に多くの人からのアクセスがあるためにシステムが動かなくなったということを経験した方もいらっしゃると思います。これなどは計画した設備が過小だったため、機会損失を招いているわけです。

こうしたことは、ある意味、将来の需要予測は不可能であることを示しています。最初に設備投資して、IT機器を調達してしまうのはリスクがあるのです。

そこでAWSでは、キャパシティを予測するのではなく、利用していく中でITリソースの使用量やコストを最適化する方法を推奨し、その手段を提供しています。

Section 3-5 スピードと俊敏性

Point

AWSでは、数クリックするだけでサービスが稼働でき、開発したアプリケーションも迅速にリリースできるインフラストラクチャになっている。

　欧米では、アプリケーションの開発にあたっては、1〜2週間という短期間で、とりあえず動くソフトウェアを作ってリリースし、ユーザーからのフィードバックを受け改善していく「アジャイル開発」という手法が一般的です。

　一方、日本国内のシステム開発では、長期間の開発期間を設け、じっくり計画しながら、間違いのないシステムを作る「ウォーターフォール開発」という手法が一般的でした。

　しかし、近年は国内でも、ウォーターフォール開発からの脱却が起こってきています。これは、昨今の不確実な経済環境の中では、計画に何ヶ月もかけて、技術者から見た機能の完全性を求めることの重要性が薄れてきたためです。何ヶ月もかけて開発しているうちにユーザーの状況が変わってしまえば、いくら完全な機能でも必要とされなくなってしまいます。

　それよりも、すぐに開発してリリースし、ビジネスの結果を見ながら、ユーザーの意見を元に改善していくような俊敏性（アジリティ）が非常に重要になってきているのです。そして、そのような開発をするためには、ハードウェアの調達や、開発の計画、見積もりなどの事前準備に時間をかけることはなるべく避けなければなりません。必要な設備が必要な時に必要な分だけ利用できるクラウドは、そうした開発手法にぴったりとフィットします。そのため近年のアジャイル開発では、オンプレミスではなくクラウド上で開発することによって、ビジネスの俊敏性（アジリティ）をさらに高めることが主流になってきています。

　特にAmazonは、大規模なオンラインショッピングの中で、最先端の機能を素早くリリースし、ユーザーからのフィードバックを元に技術を改善していくためのノウハウを蓄積してきました。そのためAWSも、ボタン1つで各サービスを稼働でき、開発したアプリケーションも早いスピードでリリースできるインフラストラクチャになっています。

データセンターの運用と保守への投資の必要なし

🔍Point

AWSでは、データセンターの運用保守はAWSで賄うため、利用者が投資を考慮する必要はなくなる。

　オンプレミスのシステムは、自前で構築することになるため、データセンターの運用保守といったことも自前で行うことになります。

　大規模なシステムともなれば、まずデータセンターについて地震など自然災害からの影響を最小化できる場所や建物を選んだり、フロアの設計、電源や冷却装置の設計、入退館のセキュリティに考慮したりしないといけませんし、サーバーやストレージを配置するラックの設置やケーブルの敷設もしなければなりません。しかも、こうしたものはシステムを構築したら終わりではなく、常に監視するとともに、機器の故障を未然に防いだり、故障にすぐに対応したりする、いわゆる運用保守が必要になり、そのための技術者も配置する必要があります。

　これらは、その会社が本当にやるべきことなのでしょうか。本来は何かを販売したり、発注したりするのが、その企業のビジネスであり、そのためのシステムやアプリケーションさえ用意できればいいはずです。ならば、データセンターの運用保守は別の会社に任せた方が、技術者をビジネスにとって本当に必要なことに集中させることができます。収益性のあるビジネスに集中できるようなITの利用が重要です。

　この点でAWSの場合、データセンターの運用保守はAWSが賄います。そのため、利用者はそれを考慮する必要がなく、収益性のあるビジネスに集中できることができます。

重要度：★★★★★

Section
3-7

数秒で世界中にデプロイ可能

🔎Point
AWSでは、国内で開発したアプリケーションでも、世界中のリージョンにデプロイ（展開）することができる。

　AWSには、世界中に26のリージョン（2022年2月時点）があります。このため、国内で開発したアプリケーションでも、世界中にデプロイ（展開）することができるというメリットがあります。

　自社のお客様のいる地域の近くでサービスを展開すれば、お客様とのネットワークの距離が近くなります。お客様からすると地球の裏側のシステムとのやり取りではなく、近い場所とのやり取りができるので、応答時間（レイテンシー）の改善になります。

　もっとも、こうしたメリットは、国内だけでサービスを展開している場合だとあまり関係ないかもしれません。しかし、世界中のリージョンを利用できることのメリットは他にもあります。

　それは、AWSでは各リージョンによって利用料が異なるということです。そのため、普段は東京リージョンのサービスを利用していても、高性能のCPUをたくさん使うワークロードは利用料が安いリージョンで動かすことによってコスト削減する、というような利用方法も可能です。

　このように世界中のデータセンターを利用できるということは、高いメリットになっています。

主要なアーキテクチャ原則

Point

AWSの特長を活かすための設計原理、アーキテクチャ原則がある。主要なアーキテクチャ原則は5つある。

3

AWSクラウドの6つの特長を活かすための設計方法があります。それがアーキテクチャ原則です。

ここでは5つの原則を紹介します。この5つは主要なものなので、忘れずに理解してください。

①故障に備えた設計（障害設計）

1ヶ所の故障でシステム全体が止まるような作りにはしないことです。

②コンポーネントの分離（疎結合）

システムを1つの大きな塊として設計するのではなく、分割して設計します。

③弾力性の実装（スケーラビリティ）

システムは並列処理によって、拡張や収縮ができる設計にします。

④サーバーではなくサービス

サーバーの設定をすると保守に手間がかかるため、サービスを利用します。

⑤静的コンテンツをエンドユーザー近くへ（グローバルリーチ）

エッジロケーションに静的コンテンツを配置するような設計をします。

なお、これらの原則は2018年10月版のAWS Best Practicesにある代表的なものですが、現在は、次項で紹介するWell Architected Frameworkの中で、アーキテクチャ原則が整理されるようになっています。

Well Architected フレームワーク

Section 3-9

🔍 Point

Well Architectedフレームワーク（W-Aフレームワーク）は、AWSの設計、構築、運用において望ましいアーキテクチャをまとめたプラクティス集である。

　AWSには、AWSクラウドの特長を引き出す、クラウドならではの設計原則があります。つまり「クラウドらしい作り方」です。せっかくクラウドを使うのであれば、AWSが紹介する「クラウドらしい作り方」を存分に活用し、安全で高性能で、低コストなクラウド利用をしたいものです。

　そのような「クラウドらしい作り方」をするためのガイドとして、AWSにはWell Architectedフレームワーク（優れた設計の枠組み）というものがあります。

　Well Architectedフレームワークには6つの柱があります。「優れた運用効率」「セキュリティ」「信頼性」「パフォーマンス効率」「コストの最適化」「持続可能性」の6つです。そして、それぞれの柱ごとにベストプラクティスがまとめられています。

　これらは、長年にわたって培われてきた、Amazonのシステムへの考え方や実践ノウハウをまとめているものです。Well Architectedフレームワークの活用によって「総合的に理解して」「計測して」「考えて」「対処する」といった一連の行動を取ることができます。

　また、誰しも、得意不得意があるものです。例えば、セキュリティには強くても、運用には弱いという人もいるでしょう。そのような人でも運用面のポイントを気づけるように、AWSでは5つそれぞれの柱にわたって広範囲な「質問」も用意しています。

　このように、Well Architectedフレームワークは設計原則、ベストプラクティス、質問という3つのツールによって、AWSの力を引き出すものになっています。詳細な内容は、第11章のAWSアーキテクチャ原則とベストプラクティスのまとめを参照してください。

Chapter 4

AWSの主要サービス

この章では、主要サービスを説明します。AWSの主要サービスの理解は、AWSの技術的な裏付けを理解する上では必須なものです。

AWSマネジメントコンソール

🔍Point

AWSマネジメントコンソールは、AWSサービスを利用する際の入口である。ウェブベースで安全に利用でき、わずか数クリックで様々なITテクノロジーを試すことができる。

　AWSマネジメントコンソールは、非常に豊富なAWSサービスが利用できるウェブベースの入口になっています。セキュリティ上、安全な認証によって、ウェブベースでアクセスでき、わずか数クリックでAWSの様々なサービスを試すことができます。

　コンソールのホームでは、検索バーを利用して必要なサービスを探すことができ、現在200を超えるサービスを参照できます。

　各サービスには無料利用枠がありますので、料金を心配せずに開始できます。チュートリアル、ドキュメント、オンデマンドのオンラインセミナーといった学習に役立つ情報もあるため、初めての人でも気軽に利用できるクラウドサービスになっています。

Section 4-2	コンピューティングサービス： EC2

> **Point**
>
> 代表的なコンピューティングサービスにEC2（Elastic Computing Cloud）がある。
> 数多くのインスタンスタイプが用意されていて、用途に応じて選べる。

EC2は、AWSクラウド上の仮想サーバーインスタンスとして、コンピューティングサービスを提供するものです。インスタンスの種類も275（2020年6月時点）と非常にたくさん用意されています。これらのインスタンスタイプを選択することにより、稼働させたいワークロードに適したコストとパフォーマンスで利用できます。

カテゴリー	用途	代表的なインスタンス
汎用	一般用途向けで、ウェブサーバーなど、CPU、メモリ等のリソースを同じ割合で使用するアプリケーションに最適	M7g、M7i、MAC、T4g
コンピューティング最適化	高いパフォーマンスのコンピューティング、バッチ処理、ビデオエンコーディングなど	C7g
メモリ最適化	ウェブ規模の分散型インメモリキャッシュ、インメモリデータベース、ビッグデータ分析など	R7g、R7iz、X2gd
高速コンピューティング	機械学習、グラフィック集中アプリケーション、ゲーミングなど	P5、G5g
ストレージ最適化	NoSQLデータベース、データウェアハウス、分散型ファイルシステムなど	I4g

<u>M7g.</u> <u>4xlarge</u>

インスタンスファミリー　　世代　　インスタンスサイズ

Section 4-3 主要コンピューティングサービス：ECS

🔍 Point

Amazon ECSは、フルマネージド型のコンテナオーケストレーションサービスである。Fargateと組み合わせてサーバーを意識しないで利用できる。

Amazon Elastic Container Service（Amazon ECS）は、フルマネージド型のコンテナオーケストレーションサービスです。

またコンテナ用でかつ、サーバーを意識しないサービス（サーバーレスコンピューティング）としてAWS Fargateがあります。このAWS Fargateを使用して、ECSクラスタの実行を選択できます。Fargateはサーバーレスなので、サーバーのプロビジョニングや管理が不要で、アプリケーションごとに指定したリソースの使用料金のみの支払いになります。

ECSというコンテナサービスと、サーバーを意識せずに動かすFargateの組み合わせで利用するケースが多いです。設計段階からのアプリケーション分離によりセキュリティを強化できます。

3つの主要コンピューティングサービスは、次のような特徴があります。

	EC2	ECS	Lambda
AWSサービス形態	インフラストラクチャサービス	コンテナサービス	抽象化サービス
スケール単位	インスタンス	アプリケーション	関数
何を見えなくするものか	ハードウェア	OS	ランタイム
用途	OSや構成を選択し自分で制御	アプリケーションの構成と制御	必要な時にコード実行のみ
メンテナンス量	大	中	小
自由度	高	中	低

重要度：★★★★★

Section 4-4 主要コンピューティングサービス： Lambda

🔎Point

Lambdaはサーバーレスのサービスである。サーバーのプロビジョニングが不要で、コードのみの実行になり、料金は使用した時間だけとなる。AWSでは抽象化サービスの中に位置づけられる。

4

　Lambdaはサーバーレスでコードを実行できるサービスです。サーバーレスなので、サーバーのプロビジョニングや管理が不要となります。

　利用料金はコードの実行時間に対して100ミリ秒単位で設定されており、コードがトリガーされた回数に対して課金されます。そのため、とても安価に利用できます。

　また、コードさえアップロードすれば、コードの実行およびスケーリングに必要なことは、Lambdaが自動的に行います。しかも高い可用性を提供しています。

　コードは他のAWSサービスからイベント駆動型サービスとして自動的にトリガーするように設定することも、ウェブやモバイルアプリケーションから直接呼び出すように設定することもできます。

　下の図はイベント駆動型の例で、スマホからAPI Gatewayを経由することで、Web APIを通じてLambdaの関数を起動させています。その関数が動き、DynamoDBにデータレコードを追加しています。

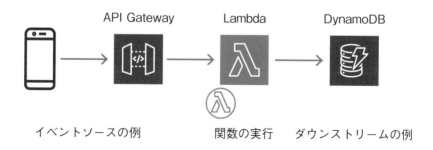

| API Gateway | Lambda | DynamoDB |

イベントソースの例　　　　　関数の実行　　ダウンストリームの例

重要度：★★★★★

Section 4-5 主要ストレージサービス：EBS

🔍 Point

EBSは、EC2と一緒に使用するためのブロックストレージサービスである。

　Amazon Elastic Block Store（EBS）はSCSI接続のハードディスクのように、サーバーに直接に接続されるブロックストレージです。Amazon Elastic Compute Cloud（EC2）と一緒に使用するために設計され、大規模なワークロードにも対応できる高性能なストレージサービスとなっています。

　EBSは4種類のボリュームタイプから選べ、様々な用途に利用できます。例えば、リレーショナルデータベースやNoSQLデータベース、大規模なアプリケーション、ビッグデータ分析、ファイルシステムなど様々なワークロードで活用されています。

　なお、1つのEC2から複数のEBSへの接続はできますが、複数のEC2からは1つのEBSへの接続はできません。またEBSはAZ内のサービスであるため、AZを超えた接続もできません。

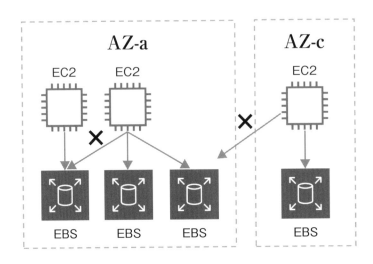

Section 4-6 主要ストレージサービス：S3

Point

Amazon Simple Storage Service（Amazon S3）は、容量を意識しなくてもよく、高い耐久性のあるオブジェクトストレージである。

Amazon Simple Storage Service（Amazon S3）は、スケーラビリティ、データの可用性、セキュリティ、およびパフォーマンスを実現するオブジェクトストレージサービスです。オブジェクトストレージとは、1つのオブジェクトがURLで示されるもので、インターネット上のデータ保管域として柔軟に活用できるものです。

Amazon S3では、1ファイル5TBという、ほとんど無制限の容量が提供されています。現在、様々な規模の利用者が、ウェブサイト、モバイルアプリケーション、バックアップおよび復元、アーカイブ、エンタープライズアプリケーション、IoTデバイス、ビッグデータ分析などで活用しており、AWSでもっとも有名なサービスです。

Amazon S3は簡単に管理でき、詳細なアクセス制御によって、ビジネスや組織のコンプライアンスの要件を満たすことができます。また、99.999999999（9×11）%の耐久性を実現するように設計されています。

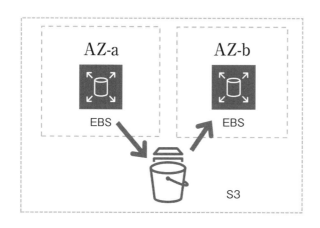

S3はEBSとは異なり、AZ内のサービスではなく、URLでアクセスできるリージョンサービスであるため、AZを超えたデータのやり取りも可能です。

重要度：★★★★☆

Section 4-7

主要ストレージサービス：S3 Glacier

> **Point**
> Amazon S3 Glacierはデータのアーカイブや長期のバックアップに使用できるサービスである。

　Amazon S3 GlacierとS3 Glacier Deep Archiveはアーカイブサービスです。つまり、テープ保管庫に古い映像のデータを保管するようなイメージのサービスです。そのため、保管したデータを取り出すまでに時間がかかるサービスでもあります。

　ただ、このクラウド上のアーカイブサービスは、安全性と耐久性に優れており、きわめて低コストです。99.999999999%の耐久性を実現し、セキュリティとコンプライアンスの機能を提供しています。

　Amazon S3 Glacierでは、保管したアーカイブの取り出しについて、数分から数時間までの3つのオプションが用意されています。一方、S3 Glacier Deep Archiveには、12時間から48時間までの2つのアクセスオプションが用意されています。この取り出しまでの時間が長いほど、料金は安価になります。全般的に、オンプレミスに比べて大幅なコスト削減が可能なサービスです。

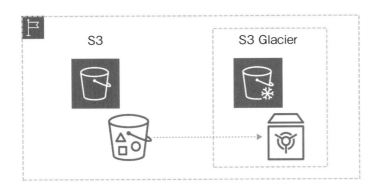

　上の図はS3を元データとし、S3 Glacierというテープ保管庫のような場所にデータを移すイメージです。安価に保管できますが、取り出しに時間がかかります。

重要度：★★★★

Section 4-8
主要ストレージサービス：Storage Gateway

📎Point

AWS Storage Gatewayは、オンプレミスからAWSのストレージを利用するハイブリッドクラウドストレージサービスである。

AWS Storage Gatewayはハイブリッドクラウドストレージサービスです。つまり、オンプレミスにいながらにして、様々なAWSのストレージを利用できるサービスです。オンプレミスの利用者にとっては、テープ装置によるバックアップをオンプレミスで設計し構築する代わりにクラウドへ移行することができたり、オンプレミスで拡大するストレージ利用をクラウド側で対応できたりすることにより、拡張性の高い利用が可能になります。

AWS Storage Gatewayでは、テープゲートウェイ、ファイルゲートウェイ、ボリュームゲートウェイの3つのタイプが提供されています。これらのゲートウェイでは、ローカルキャッシュによる低レイテンシーアクセスが可能になるため、オンプレミスアプリケーションからクラウドストレージへのシームレスな接続が実現します。アプリケーションからの接続には、NFS、SMB、iSCSIなどの標準ストレージプロトコルを使用でき、仮想マシンまたはハードウェアゲートウェイアプライアンス経由でサービスに接続されます。

実際に接続されるAWSのストレージとしては、Amazon S3、Amazon S3 Glacier、Amazon S3 Glacier Deep Archive、Amazon EBS、AWS Backupといったストレージサービスが利用できます。

主要ストレージサービス：
Snowファミリー

Point

AWS Snowファミリーは、AWSへのデータ移行やエッジコンピューティングのための物理的なデバイスである。Snowファミリーには、最も小型なSnowcone、アタッシュケースサイズのSnowballというものから、AWS Snowmobileというトラックまである。これらはAWSが所有しており、期間限定で利用者に貸し出される。

　AWS Snowconeはファミリー中、最も小型な、エッジコンピューティングおよびデータ転送デバイスです。データをAWSに安全に移行したり、エッジの場所でアプリケーションを実行したりすることができます。ネットワーク帯域幅が限られている場所や、過酷な環境での使用に適しています。

　AWS Snowballはデータ移行およびエッジコンピューティングを目的とした物理デバイスで、コンピューティング最適化（Edge Compute Optimized）とストレージ最適化（Edge Storage Optimized）の2つのオプションがあります。

　Snowball Edge Compute Optimizedは104個のvCPU、416GiBのメモリ、およびオプションのNVIDIA Tesla V100 GPUが含まれ、高度な機械学習に利用可能です。

　Snowball Edge Storage Optimizedデバイスは、40個分のvCPU、80もしくは210テラバイトの使用可能なストレージを備えており、移行時の大規模データ転送に適しています。

　Snowmobileは最大100PBのデータをコンテナトラックで輸送するものです。エクサバイト規模のデジタルメディアの移行に適しています。

　これらはデータ移行に際してネットワーク転送に時間がかかるケースでAWSへのデータ持ち込みに利用したり、遠隔地（エッジロケーション）でのデータ収集、機械学習およびデータ処理が必要なケースで利用されるソリューションになっています。

Snowball

Snowmobile

🐙Column エクサバイトの話

　1バイトは8ビットですので、2進数で8桁の数を表すことができ、256（2の8乗）種類を表現できます。その上の単位については、キロ、メガ、ギガといった国際単位系（SI）として利用されるSI接頭語で大きさが示されます。キロバイト（KB）は1バイトの1,000倍、メガバイト（MB）は100万倍、ギガバイト（GB）は10億倍の大きさです。

　一方、コンピュータの容量や記憶装置の大きさを表す情報の単位としてはIEC（国際電気標準会議）の定義で、10の累乗ではなく2の累乗で表現しているため、1,000倍ではなく1,024倍を表すKiB（kibibyte、キビバイト）、1,048,576倍であるMiB（mebibyte、メビバイト）、1,073,741,824倍であるGiB（gibibyte：ギビバイト）といった表現が使われています。AWSでも、EBSのストレージ容量の表記などはGiBという表現になっています。

　それではエクサバイトとは、どのくらいの大きさでしょうか。これは、1バイトの100京倍または1,152,921,504,606,846,976倍を表す単位です。SI接頭語で示すと、100京バイト＝1,000兆キロバイト＝1兆メガバイト＝10億ギガバイト＝100万テラバイト＝1,000ペタバイト＝1エクサバイトとなります。iPhone 11 Proの一番大きいサイズの容量が512GBですので、2,097,152個分のiPhone 11 Proが必要な容量です。厚さ8.1mmのiPhone 11 Proを積み上げたとして、約17キロメートル、富士山の4.5倍くらいの高さになるほどです。

　Snowmobileのコンテナトラックでの輸送では最大100PBなので、1エクサバイトは10台分に相当します。簡単にはいかなさそうな巨大なデータ量ですね。

Section 4-10 主要データベースサービス：RDS

Point

Amazon Relational Database Service（Amazon RDS）は、リレーショナルデータベースのマネージドサービスである。数クリックでセットアップでき、煩雑な設定やメンテナンスが不要というメリットがある。

　Amazon Relational Database Service（Amazon RDS）は、リレーショナルデータベースのマネージドサービスです。データベースエンジンとしては、Amazon Aurora、PostgreSQL、MySQL、MariaDB、Oracle、SQL Serverの6つから選択できます。

　EC2やEBS上にOSやDBを導入して設定するリレーショナルデータベースとは異なり、サーバーのプロビジョニング、OSの導入、データベースの設定、パッチ適用、バックアップなどの作業が自動化することができます。またサイズの変更も可能です。

　マルチAZ環境でデータを同期する、マスタースタンバイの構成を組むこともできます。これによりマスターのAZ障害があっても、時間をかけずにスタンバイで復旧することが可能です。

　またリードレプリカを利用することで、DBインスタンスのパフォーマンスが向上します。これはリードレプリカとして読み取り専用のDBインスタンスを設けることで、読み取り頻度の高いデータベースのワークロードを緩和することができるというものです。リードレプリカは、RDS for MySQL、MariaDB、PostgreSQL、Oracle、Auroraで利用できます。

リードレプリカ構成　　　　マルチAZ構成
　　（非同期）　　　　　　　（同期）

リードレプリカ　　　　マスター　　　　スタンバイ

Section 4-11 主要データベースサービス：DynamoDB

🔎Point

DynamoDBは毎秒2,000万件のリクエストをサポートする、非常にパフォーマンスの高いNoSQLの完全マネージドのデータベースサービスである。

NoSQLは、リレーショナルデータベースのように、複雑なデータ項目の関係を設定するものではなく、キーバリューというシンプルな構造でできています。そのため、非常に高いパフォーマンスを出すことが可能で、低レイテンシーが求められるデータベースワークロードに適しています。例えばモバイルアプリ、大規模なウェブシステム、ゲーム、広告技術、IoTといったものに適しています。

DynamoDBは、そのNoSQLの完全マネージドのデータベースサービスです。そのため、1日10兆件以上のリクエストや、毎秒2,000万件を超えるリクエストをサポート可能となっています。

また耐久性が高く、セキュリティ、バックアップおよびリカバリーの機能が組み込まれています。特にDB稼働中のバックアップ（オンデマンドバックアップ）が可能な他、リージョンをまたいだバックアップも可能で、高い可用性を実現します。

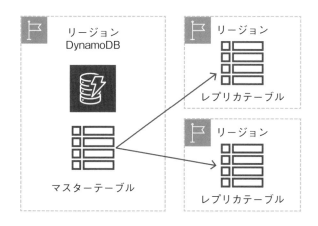

上の図のように、マスターテーブルから抽出されたストリームデータを元に、更新データを読み取るため、稼働中のアプリケーションに影響を与えません。

主要ネットワークサービス：VPC

🔍Point

強固なセキュリティを要する利用者独自のシステムをAWS内に構築するための、もっとも基本的なネットワークサービスにVPC（Virtual Private Cloud）がある。

　AWSはパブリッククラウドとしてインターネットからアクセスして利用するものですが、AWS内に論理的に分離した領域をプロビジョニングし、利用者が仮想ネットワークを定義することができます。この利用者独自の独立したネットワークを設定できる機能が、VPC（Virtual Private Cloud）です。自分のIPアドレス範囲を選択し、サブネットを作成して、ルートテーブルやインターネットゲートウェイの設定をすることで、自分だけの仮想ネットワーキング環境を制御することができます。

　下の図は、AWS上に自分だけのネットワークをVPCとして設定した例です。インターネットからのアクセスは、インターネットゲートウェイ（0.0.0.0/0）を介して、パブリックサブネット内のウェブサーバーに、HTTPS（443）の着信のみセキュリティグループで許可しています。また、ウェブサーバーからDBサーバーへはMySQL（3306）の着信のみセキュリティグループで許可しています。このような強固なセキュリティを備えた仮想ネットワークをインターネット上に構築することが、VPCにより実現できます。

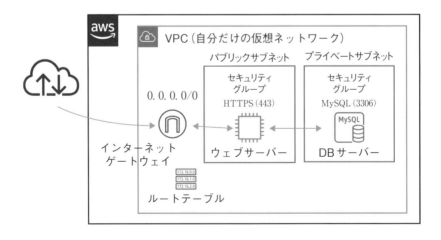

Section 4-13 主要ネットワークサービス：ELB

> **Point**
>
> ロードバランサーは、アプリケーションへのトラフィックを負荷に応じて分散する仕組みである。AWSのロードバランサーのサービスとしてELB（Elastic Load Balancer）があり、ALB、NLB、CLBと3つのタイプがある。

Elastic Load Balancingは、アプリケーションへのトラフィックを分散させるサービスです。そのターゲットとしてはAmazon EC2インスタンス、コンテナ、IPアドレス、Lambda関数などがあります。

また、Elastic Load Balancingは1つまたは複数のAZで処理可能なため、片側のAZに障害がありターゲットと通信できない場合、稼働しているAZにトラフィックを寄せることができます。

Elastic Load Balancingには次の3種類のロードバランサーが用意されています。

■ ALB（Application Load Balancer）

HTTPトラフィックおよびHTTPSトラフィックの負荷分散をしますので、マイクロサービスやコンテナといったターゲットにルーティングできます。

■ NLB（Network Load Balancer）

秒数百万リクエストというきわめて高いパフォーマンスが要求されるTCP、UDPおよびTLSにおけるトラフィックの負荷分散が可能です。

■ CLB（Classic Load Balancer）

EC2-Classicネットワーク内で構築されたアプリケーションを対象とした古いタイプのロードバランサーです。

ここではAWS認定ソリューションアーキテクトアソシエイト試験で出題されるような内容について少し解説します。

「Application Load Balancerは、HTTPやHTTPSのトラフィックの負荷分散をする機能がある」ということを理解しておけば、プラクティショナー試験ではOKです。

ただし、上位のアソシエイトの試験ではもう少し深い理解が必要です。例えばApplication Load Balancerは文字通り、アプリケーション層での負荷分散が可能ですので、アプリケーション単位に制御することができる点に特徴があります。このため、個々の小さな単位のアプリケーションをコンテナとして管理するようなマイクロサービスと相性が良く、コンテナ管理のプラットフォームであるECSとの連携が、親和性が高いアーキテクチャー構成になります。

このようにアソシエイトの問題では、単一の機能の説明というよりは、「ある要件に応じて、どのような組み合わせが適切であるか」といった問題が多く出題されます。そのため、Application Load BalancerとECSをセットとして理解すると良いです。

AWSのウェブサイトで参照可能な公式ドキュメントなどを参考に、それぞれのサービスが「どのように使われるか」も併せて理解しておくと、プラクティショナー試験のみならず、アソシエイト試験に向けた理解としても効果的です。

Section
4-14

主要ネットワークサービス：CloudFront

🔎Point

AWSが提供するコンテンツ配信ネットワーク（CDN）として、CloudFrontがある。
CloudFrontはエッジロケーションで稼働する。

　コンテンツ配信ネットワーク（CDN、Content Delivery Network）は、同一のコンテンツを数多くのユーザーに配布するための仕組みです。ユーザーに近いネットワークのエッジサーバーに配布するコンテンツのコピーを置いておき、コンテンツにアクセスしてきたユーザーをネットワーク的にもっとも近いエッジサーバーに誘導します。

　具体的にはソフトウェアのバージョンアップに関するファイルの配布や、動画配信などに使われています。

　Amazon CloudFrontは、低レイテンシーで安全な高速転送を利用し、世界中の視聴者に配信できる高速コンテンツ配信ネットワークサービスとなっています。

　また、CloudFrontは、DDoS軽減のためのAWS Shield、Amazon S3、アプリケーションのオリジンとしてのElastic Load BalancingまたはAmazon EC2などと連携します。下の図は、オリジンがS3の場合の例です。オリジンとエッジロケーション間のデータ転送費用はかかりません。

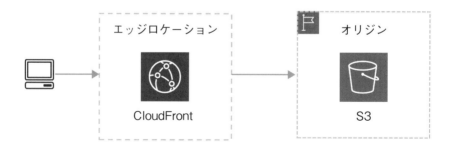

主要ネットワークサービス：Route53

Section 4-15

🔍Point

ドメインネームシステム（DNS）は、ホスト名をIPアドレスに変換するサービスを提供する。AWSにはRoute53というDNSがある。

　ホスト名をIPアドレスに変換し、名前解決をするサービスをドメインネームシステム（DNS）といいます。

　Amazon Route 53は、可用性と拡張性の高いクラウドのDNSウェブサービスです。開発者や企業がエンドユーザーをインターネットアプリケーションにルーティングするための機能を提供しており、信頼性とコスト効率の高い設計になっています。

　Amazon Route 53ではルーティングのタイプが複数用意されており、レイテンシーベースルーティング、Geo DNS、地理的近接性、加重ラウンドロビンなどのルーティングタイプを使用してトラフィックを管理できます。これらのルーティングタイプはDNSフェイルオーバーと組み合わせることが可能で、低レイテンシーでフォルトトレラントなアーキテクチャとして設計できます。

　またAmazon Route 53ではドメイン名の登録も行えます。

　Amazon Route 53を使用してお客様のドメインのDNSを自動的に設定することもできます。

主要セキュリティサービス：IAM

🔍Point

AWS Identity and Access Management（IAM）は、ユーザーやアプリケーションなどに対して、認証と認可の仕組みを提供するマネージドサービスである。

AWS Identity and Access Management（IAM）は、認証と認可の仕組みを提供するサービスです。AWSのリソースへのアクセスを管理するために、AWSアカウントに提供されている機能で、無料で利用できます。

IAMを使用することで、AWSのユーザーやグループを作成および管理することができます。またアプリケーションを含め、ポリシーに従ったアクセス権を付与できます。

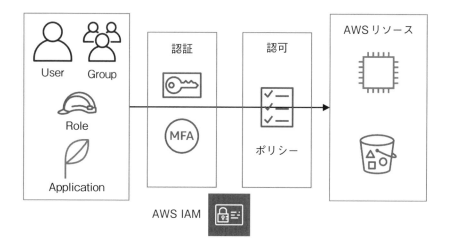

Section 4-17 主要セキュリティサービス：KMS

🔍Point
AWS Key Management Service（KMS）を使用することで、簡単に暗号化キーを作成して管理することが可能となる。

　暗号化によるデータの保護には、通信の暗号化と、保管データの暗号化の2つがあります。このうち保管データの暗号化とは、ファイルに保存したり、データベースに保存したりしたデータに対する暗号化です。

　保管データの暗号化においては、暗号鍵を作成した後、安全に保管したり、鍵をローテーションしたり、アクセス管理したりといった鍵の管理が重要になります。この暗号鍵の作成、管理、運用のためのサービスとして、AWS Key Management Service（KMS）があります。これは、AWSのサービスであるS3、EBS、Redshift、RDS、Snowball等と連携して機能します。

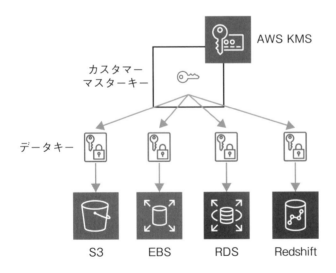

　AWS KMSは、S3、EBS、RDS、Redshift等に保管されたデータを、個別のデータキーによって暗号化をした後、そのデータキーをAWS KMSのマスターキーによって暗号化して管理します。

Section 4-18 主要セキュリティサービス：WAF

🔍Point

AWS WAFはその名の通り、ウェブアプリケーションファイアウォール（WAF）である。可用性侵害（DDoS攻撃）、セキュリティ侵害といったウェブの脆弱性を狙った攻撃から、ウェブアプリケーションやAPIを保護する。

AWS WAFは、ウェブアプリケーションファイアウォールです。可用性、セキュリティ侵害、リソースの過剰消費といった一般的なウェブの脆弱性からウェブアプリケーションとAPIを保護し、悪意のある者からのアプリケーション攻撃を防ぐことができます。

ウェブアプリケーションの脆弱性を狙った攻撃としては、SQLインジェクションやクロスサイトスクリプティングがあります。AWS WAFではこうした一般的な攻撃パターンをブロックするためのセキュリティルールと、特定のトラフィックを除外するためのルールを設定することができます。

ここで使用できるルールには、AWSやAWS Marketplaceのベンダーが販売しているものもあり、自前で設定しなくても簡単に開始することができます。購入したルールは定期的に更新されるので、新しく発生した問題にも対応できます。

AWS WAFの料金は、デプロイするルール数およびアプリケーションが受け取るリクエスト数に応じて決まります。

AWS WAFはCDNソリューションの一部としてAmazon CloudFrontにデプロイすることもできます。またApplication Load Balancer、APIに利用するAmazon API Gatewayにもデプロイできます。

Section 4-19

主要マネジメントサービス：
Auto Scaling

Point

Amazon EC2 Auto Scalingは、EC2インスタンスを自動的に追加または削除できる
サービスである。

　Auto Scalingにはいくつかのサービスがありますが、ここではAmazon EC2
Auto Scalingについて説明します。

　Amazon EC2 Auto Scalingはユーザーが定義した条件に応じてEC2インスタ
ンスを自動的に追加または削除できるものです。EC2 Auto Scalingのフリート管
理を使用して、フリートの状態と可用性を維持できます。

　また、EC2 Auto Scalingの動的スケーリング機能と予測スケーリング機能を使
用して、EC2インスタンスを追加または削除することも可能です。動的スケーリング
は需要の変更に対応してEC2インスタンスを増減します。予測スケーリングは需要
予測に応じて、適切な数のEC2インスタンスを自動的にスケジュールします。

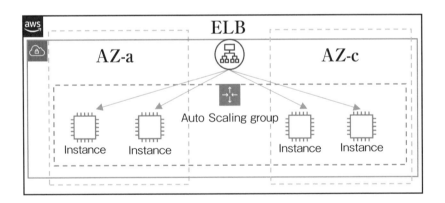

重要度：★★★★★

<table>
<tr><td>Section
4-20</td><td># 主要マネジメントサービス：
CloudFormation</td></tr>
</table>

Point

CloudFormationはインフラの設定をプログラムコードで行えるサービスである。コードを実行することで同じ環境や大規模環境を容易に構築でき、整合性を持ったテストが可能になる。

4

　これまでインフラを設定する際には、人力で一つ一つパラメーターを設定していました。これを、インフラストラクチャ全体をモデル化したテキストファイルで設定できるようにしたサービスが、AWS CloudFormationです。つまり、AWS CloudFormationを利用することで、プログラミングでインフラの設定ができるようになるわけです。

　これにより、大規模な環境もプログラムを実行することで一気に構築することが可能になります。また、インフラストラクチャをモデル化したテキストファイルは再利用可能な形式になりますので、間違いがない、整合性を持ったテスト環境を作ることも可能です。

　AWS CloudFormationでは、AWSリソースとサードパーティ製アプリケーションをモデル化できます。

　テキストファイルの記述にあたっては、JSONまたはYAMLを使用し、作成および設定したいAWSリソースを容易に定義できます。また、視覚的に設計したい場合は、AWS CloudFormationデザイナーを使用して、AWS CloudFormationテンプレートから始めることも可能です。

Section
4-21

主要マネジメントサービス：
CloudWatch

🔍Point

CloudWatchは、システムやアプリケーションのモニタリング（監視）と管理ができるサービスである。またCloudWatchイベントは、Amazon EventBridgeという名称でイベント駆動型アプリケーションを構築することができる。

Amazon CloudWatchは、システムやアプリケーションのモニタリング（監視）と管理ができるサービスです。ログデータやパフォーマンスデータを統合的にデータ収集し、確認することができます。

Amazon CloudWatchによって、アプリケーションを監視したり、システム全体におけるパフォーマンスの変化に応じて使用率を確認したり、システムの健全性を把握することができます。

CloudWatchは、ログ、メトリクス、およびイベントという形式でデータを収集します。その結果は、AWSとオンプレミスのサーバーで実行されるAWSのリソース、アプリケーション、およびサービスの情報が統合された、わかりやすいビュー（ダッシュボード）で提供されます。

Amazon EventBridge（CloudWatch Events）は、このイベントを活用して、追加のコードを書かずにイベント同志をつなぎ、よりシンプルなサーバーレスアプリケーションを構築することが可能です。

Amazon CloudWatchを使用して、システム環境内における異常検知、アラーム設定、ログとメトリクスを元にした表示、自動化されたアクションの実行、問題のトラブルシューティング等を行うことができます。

その他主要サービス：AWSサポート

Point

AWSサポートは、AWSによる技術サポートのサービスである。利用料金に応じて手厚いサポートが受けられる。

AWSサポートは、AWSによる技術サポートサービスです。料金に応じて手厚いサポートが受けられます。すべての利用者が可能なベーシックから始まり、もっとも手厚いエンタープライズサポートまであります（https://aws.amazon.com/jp/premiumsupport/plans/参照）。

■ベーシックサポート

すべての利用者が利用可能です。基本的なガイド等が提供されます。

■開発者サポート

「AWS Trusted Advisorの7コアのチェック」「営業時間内のメールによる技術サポート」などが受けられます。

■ビジネスサポート

本番システムのワークロードに適したサポートです。「AWS Trusted Advisorのフルチェック」「電話やメール、チャットなどを用いたクラウドサポートエンジニアによる技術サポート（年中無休）」が受けられます。

■エンタープライズサポート

非常に重要な本番システムのワークロードに適したサポートです。「AWS Trusted Advisorのフルチェック」「電話やメール、チャットなどを用いたクラウドサポートエンジニアによる技術サポート（年中無休）」「顧客のアプリケーションに対するプロアクティブなサポート」「テクニカルアカウントマネージャ（TAM）による効率良い運用に向けた支援」などが受けられます。

Section 4-23 その他主要サービス：AWS Marketplace／APNパートナー

🔍Point

AWS MarketplaceはAWSで簡単に利用できるソフトウェアベンダーのカタログである。APNパートナーには、設計構築を支援するコンサルティングパートナーやMarketplaceに出品するようなテクノロジーパートナーがある。

　AWS Marketplaceは、AWSで利用できるソフトウェアのデジタルなカタログです。ここからソフトウェアベンダーの数千の製品を簡単に検索し、購入、デプロイすることができます。

　セキュリティ、ネットワーク、ストレージ、データベース、機械学習、ビジネスインテリジェンス、DevOpsといった分野のソフトウェアが出品されており、数回クリックするだけで事前設定されたソフトウェアを素早く起動できます。

　ソフトウェアソリューションはAmazonマシンイメージ（AMI）形式、SaaS形式、その他の形式を選択できます。

　料金体系としては無料トライアル、時間単位、月単位、年単位、数年単位、BYOLがあります。これら料金の請求と支払いはAWSが処理し、利用料金はAWS請求書に表示されます。

　AWSパートナーネットワーク（APN）は、AWSを活用した顧客向けのソリューションとサービスを提供する企業のネットワークです。世界中の数万社にも及ぶネットワークであり、コンサルティングとテクノロジーの2つのタイプがあります。

■ APN コンサルティングパートナー

　AWSのシステムの設計、開発、構築、移行、管理をサポートするプロフェッショナルサービス企業で、クラウド移行を加速する支援を行います。

■ APN テクノロジーパートナー

　AWSクラウドでホストまたはAWSクラウドと統合しているハードウェア、接続サービス、あるいはソフトウェアソリューションを提供します。ネットワークキャリア、SaaSプロバイダー、独立系ソフトウェアベンダーなどが属しています。

その他主要サービス：AWSクラウド導入フレームワーク（CAF）

Point

AWS CAFは、AWSのベストプラクティスに基づいて、クラウド移行によるDXをサポートするためのフレームワーク（考え方、手法）である。

AWS CAFは、成功するクラウドへのトランスフォーメーションのための組織の機能を特定し、ビジネス、人材、ガバナンス、プラットフォーム、セキュリティ、オペレーションという、6つのパースペクティブにカテゴリー分けしています。

①ビジネス

企業のトップリーダーシップ、特にCEOやCFOが関与する観点です。クラウド技術を利用することのビジネスメリットやROIを最大化する方法についての戦略や目標を考えます。

②人材

組織の人々、つまり従業員のスキルや文化の変化をサポートする部分です。クラウド技術を導入するためには、従業員の教育やスキルアップが不可欠で、そのための戦略や取り組みを計画します。

③ガバナンス

クラウド導入におけるガイドラインやルールを設定し、リスクを管理する部分です。これにより、クラウドプロジェクトが企業の全体的な戦略や目標に合致していることを確認します。

④プラットフォーム

技術的な視点から、どのようにクラウドを構築し、ワークロードを最適化するかを考える部分です。ここでは、クラウドの技術的な側面やハイブリッドクラウドの構築に関する決定が行われます。

⑤セキュリティ

　クラウドに移行するデータやアプリケーションのセキュリティを確保する部分です。データの保護やプライバシーの確保、セキュリティ対策の実装などが含まれます。

⑥オペレーション

　クラウドを日常的にどのように運用・管理するかを考える部分です。ここでは、クラウドの運用に関する最良の手法やプロセスの確立が行われます。

　次のグラフ例のように、6つのパースペクティブごとに分析し、クラウド化に向けた準備状況を評価します。

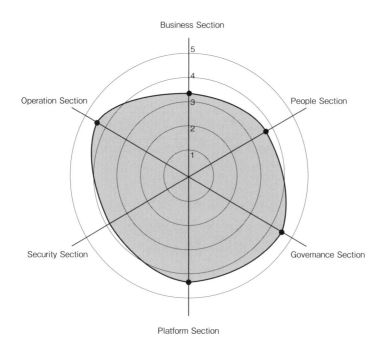

※https://cloudreadiness.amazonaws.com/#/cart/assessment

重要度：★★★★

Section
4-25

その他主要サービス：AWS IQと AWS re:Post

⚙ Point

AWS IQ: は、AWS認定専門家と直接つながるサービス。AWS re:Postは、ユーザーコミュニティが知識を共有するプラットフォーム。

AWS IQは、オンデマンドのプロジェクト作業のためにAWS認定サードパーティーのエキスパートをすばやく探し出し、作業を依頼し、支払いも済ませることができる新しいサービスです。AWS IQでは、ビデオ会議、契約管理、安全な共同作業、統合された請求が利用できます。

一方、AWS re: Postは、AWSが管理するQ&Aサービスです。ユーザーが技術的な障害を取り除き、イノベーションを加速し、効率的に運用できるように、AWSに関する技術的な質問に対して、クラウドソーシングにより専門家（コミュニティエキスパートなど）監修の回答を提供します。

AWS re: Postのコミュニティメンバーは、承認された回答を提供し、他のユーザーからの回答を確認することで、評判ポイントを獲得してコミュニティエキスパートとしての地位を築くことができます。これにより、すべてのAWSのサービスにおいて公開知識の可用性を継続的に拡大できます。

なお、AWS re: Postは、AWSフォーラムに代わるものです。AWSナレッジセンターの記事と動画は、AWS re:Postに移行されています。これにより、AWS利用ユーザーにはAWSの知識にアクセスできる統一された体験が提供され、re:Postの信頼できる信頼できるナレッジセンターのコンテンツにアクセスして、技術的な質問への回答を得ることができます。

Well Architected
フレームワーク：優れた運用効率

システムは構築すれば終わりではありません。構築したシステムがビジネスに価値を提供し続けるためには、モニタリングやメンテナンス、改善といった「優れた運用効率」が欠かせません。本章では、そのために活用できるAWSの機能やサービスについて説明します。

Amazonマシンイメージ（AMI）

> **Point**
>
> AMIは、EC2インスタンスでソフトウェアを動かすために必要なオペレーティングシステム、アプリケーションサーバー、アプリケーションなどを合わせた塊である。AMIを使うことで、EC2インスタンスがクイックに起動する。

　Amazonマシンイメージ（AMI）は、EC2インスタンスを起動するためのものです。ここにはEC2インスタンスの起動にとって必要な情報が準備されています。

　そのためEC2インスタンスを起動するためには、AMIを指定する必要があります。1つのAMIから複数のインスタンスを起動できることもできます。また、別なAMIを使って、別のインスタンスを起動することもできます。

　AMIには、1つまたは複数のEBSスナップショット、または、instance-store-backed AMI、インスタンスのルートボリュームのテンプレート（オペレーティングシステム、アプリケーションサーバー、アプリケーションなど）が含まれます。

　また、起動許可を与えて起動させます。

　下図はAMIのライフサイクルです。

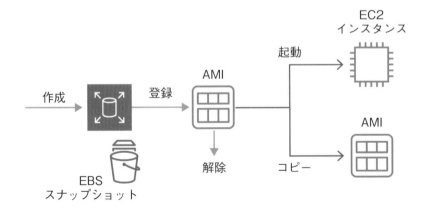

VPC フローログ

Section 5-2

Point

VPCフローログを使うことで、AWS上のネットワークの送受信のログを取得できる。

VPCフローログは、VPCのネットワークインターフェイスとの間で行き来するネットワーク上のIPトラフィックに関する情報を、キャプチャできるようにする機能です。以下のようなタスクに活用できます。

- 制限の過度に厳しいセキュリティグループルールを診断する。
- インスタンスに到達するトラフィックをモニタリングする。
- ネットワークインターフェイスに出入りするトラフィックの方向を決定する。

取得したフローログデータはAmazon CloudWatch LogsまたはAmazon S3に提供されます。フローログを作成すると、選択した送信先でそのデータを取得して表示できます。

CloudWatch Logsの料金は、送信先がCloudWatch LogsであるかAmazon S3であるかにかかわらず、フローログを使用する時に適用されます。

重要度：★★★★

<!-- Section 5-3 -->

AWS Elastic Beanstalkと Amazon Lightsail

🔍Point

AWS Elastic Beanstalkはウェブアプリケーションをデプロイしたり、スケーリングしたりするサービスである。Amazon Lightsailは、より簡易に数回クリックするだけで、ウェブサイトやアプリケーションを作成できるサービス。

　AWS Elastic Beanstalkは、Java、.NET、PHP、Node.js、Python、Ruby、GoおよびDockerを使用して開発されたウェブアプリケーションやサービスを、Apache、Nginx、Passenger、IISといったサーバーでデプロイおよびスケーリングするためのサービスです。容易にデプロイできる点に特長があります。

　コードをアップロードすると、キャパシティのプロビジョニング、ロードバランシング、Auto Scalingからアプリケーションのヘルスモニタリングまでのデプロイを、Elastic Beanstalkが自動的に処理してくれます。

　アプリケーションが稼働しているAWSリソースの完全な制御を維持することができます。

　なお、Elastic Beanstalkは追加料金がかかりません。

　Amazon Lightsailは事前設定されたクラウドの簡易な構成を用いるため、システムの知識がない状態でもウェブサイトをデプロイできるサービスになります。AWS Elastic Beanstalkと比べ、数クリックでデプロイできるため、非常に簡易ですが、その分、自由度はありません。

AWS Codeシリーズ

Point

AWS Codeシリーズはソフトウェア開発のリリースに向けた工程を管理するサービスである。

AWS Codeシリーズはソフトウェア開発のリリースに向けた工程を管理するサービス群です。以下のサービスが含まれます。

■ CodeCommit

コードを管理するGitリポジトリサービス。

■ CodeBuild

ソースコードのビルド／テスティングサービス。

■ CodeDeploy

ビルドされたモジュールの展開サービス。

■ CodePipeline

継続的デリバリー／継続的インテグレーションをサポートするサービス。

■ X-Ray

マイクロサービスアプリケーションの実行状態を把握するサービス。

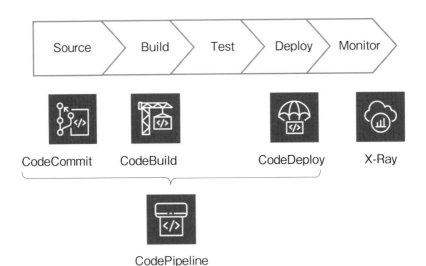

　上の図のように、コードシリーズの各サービスは連携して機能することができます。

　コードシリーズでは、その他にAWS CodeStarがあります。AWS CodeStarはアプリケーションのコーディング、ビルド、テスト、デプロイに使用する継続的デリバリーのツール全体を一元的に設定でき、アプリケーション開発のアクティビティを一ヶ所から管理することができるものです。

AWS Service Health Dashboardと AWS Personal Health Dashboard

🔍Point

これらはAWS環境に影響を及ぼす重要なイベントや変更を表示するサービスである。
Service Health DashboardはAWSサービス全般、Personal Health Dashboardは
個々のアカウントに影響する通知を表示する。

　AWS Service Health Dashboardは、AWSのサービス全体の障害情報を確認することができるサービスです。これはリージョン別に表示されるため、該当のリージョンで現在、発生している障害情報や過去の障害履歴を確認することができます。

　AWS Personal Health Dashboardは、そのアカウントが利用しているAWSリソースの障害情報をリアルタイムで確認できるため、障害に迅速に対応することができます。Personal Health Dashboardでは最近のイベントが表示されるとともに、事前通知として今後の予定されたイベントに合わせて、ユーザーが計画を立てることも可能です。これらのアラートを使用して、個々のアカウントが利用するAWSリソースになんらかの影響を及ぼす可能性のある変更について通知を受け、問題を診断でき、解決に向けた準備が可能です。

AWS CloudShellによるAWS CLI

Point

AWS CloudShellは、ウェブブラウザから利用できるコマンドラインインターフェイスである。

AWS CLI（コマンドラインインターフェイス）を実行するためには、これまで事前の環境セットアップが必要でした。しかし、ウェブブラウザ経由でマネジメントコンソールからAWS CLIを実行することができるようになりました。このサービスが、AWS CloudShellです。つまり、AWS CloudShellは、ウェブブラウザから利用できるコマンドラインインターフェイスです。

AWS CloudShellは、Amazon Linux 2ベースのシェル（Bash, PowerShell, Z shell）となっています。AWS CLI、コンテナサービスCLIなどのAWS関連ツールが事前にインストールされているため、さまざまなスクリプト実行やAPI呼び出しなどの実施が可能です。

AWSマネジメントコンソールの右上に起動用のアイコンがあり、1クリックするだけで起動できます。

操作権限としては、マネジメントコンソールのIAMユーザーに割り当てられている権限になるため、改めてCloudShell用の権限を管理する必要はありません。

重要度：★★★★

Section

5-7

AWS Backup

🔍Point

AWS Backupは、クラウドおよびオンプレミスのAWSサービス全体でのデータ保護を一元管理し、自動化を容易にするフルマネージドサービスである。

AWS Backupは、AWSリソースのバックアップ活動を一元的に管理し、監視するサービスです。異なるAWSサービスでのバックアップタスクを統合し、自動化することで、カスタムスクリプトや手動のプロセスを省略できます。

AWS Backupは、多くのAWSサービス、例えばAurora、DynamoDB、EBS、EC2、EFS、Redshift、RDSなどをサポートしています。このサービスは一元化されたコンソール、バックアップAPI、そしてAWS CLIを提供し、それらによりアプリケーションが使用するAWSサービス全体のバックアップを容易に管理できます。また、バックアップとその活動ログの統合ビューを通じて、監査とコンプライアンスの管理も効果的に行えます。

ユーザーはポリシーを作成することで、バックアップの要件を定義し、それを対象となるAWSリソースに適用できます。これにより、ビジネスや法規制の要件に合致したバックアップを保証できます。また、バックアップのライフサイクルを設定し、ウォームストレージからコールドストレージへの移行を自動的に行うことも可能です。つまり、AWS Backupを利用することで、コンプライアンス要件を満たしつつ、コールドストレージに低コストでバックアップを保存できます。

バックアップを異なるAWSリージョンにオンデマンドでコピーしたり、定期的に自動でコピーしたりする機能もあります。さらに、AWS Organizationsのアカウント横断的なバックアップ管理もサポートしています。これらの機能により、異なるアカウント間で同じバックアッププランを重複して作成する手間を省けます。

5

Well Architected
フレームワーク：セキュリティ

AWSはセキュリティを非常に重視しており、セキュリティへの考え方をWell
Architectedフレームワークの柱の1つに定義しています。そして、その考え方を実
践するための様々な機能やサービスを用意しています。本章ではそれらについて説
明します。

重要度：★★★★★

Section 6-1 責任共有モデル

🔧Point

責任共有モデルとは、AWSと利用者の間でセキュリティとコンプライアンスについての責任が分割されるという考え方である。

　セキュリティとコンプライアンスについての責任が、AWSと利用者の間で共有されるとする考え方を、責任共有モデルといいます。

　この共有モデルでは、仮想化環境としてのホストオペレーティングシステムや、AWSが保持するデータセンターの入退館などの物理的なセキュリティに対しては、AWSが責任を持っています。物理的な部分なので、機器の廃棄やファームウェアのメンテナンスなどもAWSの責任で実施されます。

　一方、利用者であるお客様は、仮想化環境としてのゲストオペレーティングシステム（更新とセキュリティパッチを含む）以上のレイアに対して、セキュリティ上の責任を負います。すなわち、ミドルウェア、アプリケーションソフトウェア、それにAWSが提供するセキュリティグループファイアウォールの設定に対する責任と管理を担当します。

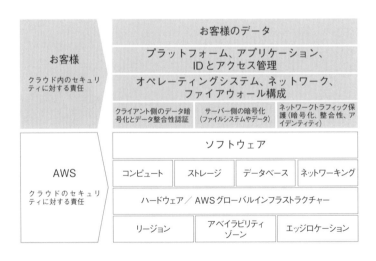

※ https://aws.amazon.com/jp/compliance/shared-responsibility-model/

コンプライアンスプログラムと AWS Artifact

🔑Point

AWSはコンプライアンスプログラムとして、独立した監査人によるセキュリティとコンプライアンスの評価を受け、数多くの業界認証を取得している。またAWS Artifactは、AWSのコンプライアンスレポートをオンデマンドで取得できる無料のセルフサービスである。

　AWSはコンプライアンスプログラムとして、独立した監査人によるセキュリティとコンプライアンスの評価を受け、数多くの認証、証明によって、業界認証等を取得しています。

　企業には、準拠すべきコンプライアンスに関する法律や業界のルールがあります。このような種類のプログラムに対しては、AWSから様々な機能（セキュリティ機能など）およびドキュメント（コンプライアンス計画書、マッピングドキュメント、ホワイトペーパーなど）が提供されます。

　AWS Artifactは、AWSの取得しているセキュリティおよびコンプライアンスのレポートと特定のオンライン契約をオンデマンドで取得可能なサービスです。AWS Artifactには、Service Organization Control（SOC）レポート、Payment Card Industry（PCI）レポート等の認定が含まれています。

Section 6-3 AWS アカウント

🔍 Point

AWS アカウントは請求の単位であるとともに、サービス提供の単位である。

　AWS アカウントは請求の単位であるとともに、もっとも基本的なサービス提供の単位です。そのため、企業での利用において、アカウントを組織の中でどのような単位で設定すべきかは、最初に検討するべきものになります。

　例えば1企業で1アカウントとした場合は、その中で本番システムや開発システムといった利用用途や請求部門別での管理が必要になり、煩雑になるケースがあります。セキュリティ上も望ましくありません。そこで利用用途や請求部門別にアカウントを分け、それをAWS Organizationsで束ねるような設計が図られます。

AWS Organizations

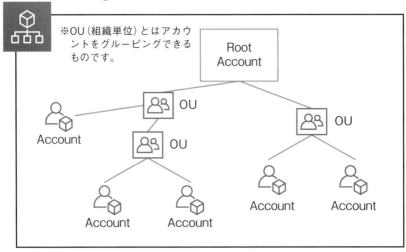

※OU（組織単位）とはアカウントをグルーピングできるものです。

　なおAWS アカウントには、新規開設にあたり1年間の無料枠があります。

Section 6-4 ルートユーザーの管理

🔍Point

AWSアカウントには、すべての権限を持ったルートユーザーがある。ルートユーザーの管理は、厳重にやる必要がある。

AWSアカウントのルートユーザーは、そのアカウントの全AWSサービスとリソースに対して完全なアクセス権限を持ちます。最初のアカウント作成に使用したメールアドレスとパスワードでのサインインによりアクセスします。

この非常に強い権限のユーザーを利用することは危険であるため、次のような配慮を行います。

①管理者向けのタスクであっても、ルートユーザーは使用しない。最初のIAMユーザーを作成する時のみ、ルートユーザーを使用する。

②AWSアカウントのルートユーザーのアクセスキー（アクセスキー IDとシークレットアクセスキー）を削除する。

③AWSアカウントのルートユーザーに対してMFAを有効にする。

④ルートユーザーのパスワードを強度なものへ再設定する。

なお、アクセスキーは非常に重要な認証情報です。これは長期的な認証情報になるため、漏洩してしまうと問題になります。

ルートユーザーのみならず、通常のユーザーも同様にアクセスキーを持ちます。AWS CLIまたは AWS APIの中で、アクセスキーでプログラムに署名し、認証に使用できます。

アクセスキーは、アクセスキー IDとシークレットアクセスキーの2つから構成されます。ユーザー名とパスワードと同じように、この2つで認証します。

Section 6-5 IAMユーザー・グループ・ロール・ポリシー

> **🔍Point**
> AWS IAMでは、「ユーザー」「グループ」「ロール」「ポリシー」を定義する。

ここではAWS IAMで使用される用語として、「ユーザー」「グループ」「ロール」「ポリシー」について説明します。

■IAMユーザー

AWSで作成するエンティティ（ユーザーまたはアプリケーションの実体）であり、名前と認証情報（コンソールパスワード、アクセスキー）で構成されます。アクセス許可の管理と追跡ができるように、個別のIAMユーザーを作成することがベストプラクティスです。またアクセスキーは共有してはいけません。

■IAMグループ

IAMユーザーの集合です。

■IAMロール

ユーザーやアプリケーション等に対するAWSリソースへの操作権限付与の仕組みです。ユーザーやアプリケーションがロールとして一時的に引き受けることでアクセス許可を受けることができます。

ロールは一時的なものであるため、標準の長期認証情報（パスワードやアクセスキーなど）は関連付けられません。Amazon EC2インスタンスで実行するアプリケーションについては、ロールを使用して認証情報を付与するのがベストプラクティスです。

■IAMポリシー

AWSリソースなどに関連付け、アクセス許可のポリシーを定義することができます。

重要度：★★★★★

Section 6-6

セキュリティグループと
ネットワークACL

> **🔍 Point**
>
> セキュリティグループやネットワークACLによって、VPC内のネットワーク転送を細かく制限することができる。

　インターネット上に、利用者独自のネットワークとしてVPCが設定できますが、このAmazon VPCのネットワーク設定は容易にカスタマイズすることが可能です。セキュリティグループやネットワークアクセスコントロールリスト（ネットワークACL）などの複数のセキュリティレイヤーを使用し、各サブネットのAmazon EC2インスタンスへのアクセスをコントロールすることができます。

　セキュリティグループとネットワークACLは、共にネットワークの伝送トラフィックを制限するものですが、次のような違いがあります。

セキュリティグループ	ネットワークACL
インスタンス単位で制御	サブネット単位で制御
許可（Allow）の設定	許可（Allow）と拒否（Deny）の設定
ステートフル（1つの通信で受信側を設定すれば送信も制御可能で、戻りの設定は不要）	ステートレス（1つの通信で受信と送信を制御する場合は、それぞれ設定が必要）
すべてのルールが適用される	順番に重ねてルールが適用される

AWS CloudTrail

Section 6-7

> **Point**
>
> CloudTrailは、AWSマネジメントコンソール（もしくはAWSのSDKやコマンドラインツール、その他のAWSのAPIサービス）を使用して実行されるアクションによる、AWSアカウントへの行為について、履歴を取得できるサービスである。これを利用して、AWSアカウントのガバナンス、監査を行うことができる。

　AWS CloudTrailは、AWSアカウントの監査ができるサービスです。CloudTrailにより、AWSインフラストラクチャの全体で、すべてのアカウントへの行為をログに記録し、監視できます。

　「アカウントへの行為」とは、AWSマネジメントコンソール、AWSのSDK、コマンドラインツール、AWSのAPIサービス等による様々なアクションのことを指します。CloudTrailは、これらAWSアカウントアクティビティのイベント履歴を把握することができるものです。このイベントの履歴を元に、セキュリティ分析、リソース変更の追跡、トラブルシューティングが実行できるようになります。

　例えば次のように、CloudTrailでCloudWatch Logsを使用することによって、証跡ログの監視ができます。

- CloudTrailでCloudWatch Logsへのログイベント送信を設定。
- ログイベントの中の一致する語句や値をCloudWatch Logsメトリクスフィルタに定義。
- 指定したしきい値と期間に基づいて起動されるCloudWatchアラームを作成。

Section 6-8 AWS Config

Point

AWS Configは、AWSのリソースに対してどんな変更をしたか、時系列で変更履歴を追跡できるサービスである。

AWS ConfigはAWSリソースの構成変更を継続的にモニタリングし、履歴として記録するサービスです。

通常、システムの構成管理においては、トラブル時の対処が漏れていたりして、実際の設定と構成ドキュメントに差異が生まれることがよくあります。また、誰がいつ、変更をしたかといったことも追跡が難しいため、セキュリティやコンプライアンスの点で問題が発生したりします。

Configを使用すると、誰が、いつ、AWSリソースの何を変更したかが、時系列で変更履歴として追跡できるため、セキュリティの分析やコンプライアンスへの準拠を容易にすることができます。

また事前に準拠すべきルールをポリシーとして設定することで、ルールに沿った構成変更が行われていたかを評価することも可能です。リソースが作成、変更された際や、1時間〜24時間の定期的なタイミング、スナップショットを取得する際に評価を実行できます。

AWS Shield

Point

AWS Shieldは、DDoS攻撃に対するAWSの保護サービスである。エッジロケーションでの利用も可能。

AWS Shieldは分散サービス妨害（DDoS）に対するマネージド型の保護サービスです。このマネージドサービスにより、AWS上で実行中のアプリケーションを保護できます。DDoS攻撃によるアプリケーションのダウンタイムとレイテンシーを最小限に抑えるための各種機能を備えています。

AWS Shieldには、無料のスタンダードと、有料で高機能なアドバンストの2つがあります。

■ スタンダード

追加料金なしで使用できます。

ウェブサイトやアプリケーションを標的にした、頻繁に発生するネットワークおよびトランスポートレイヤーのDDoS攻撃の防御用です。AWS Shield StandardをAmazon CloudFrontやAmazon Route 53とともに使用すると、インフラストラクチャ（レイヤー3および4）に対するすべての既知の攻撃に向けた保護が可能になります。

■ アドバンスト

EC2、ELB、CloudFront、AWS Global AcceleratorおよびRoute 53などのリソースで実行されるアプリケーションを標的とした、大規模で高度なDDoS攻撃に対して、ほぼリアルタイムな検出および緩和が可能です。

ウェブアプリケーションファイアウォールであるAWS WAFと統合されています。

AWS Shield Advancedは、世界中のCloudFront、Route 53のエッジロケーションすべてで利用できます。また、AWS Shieldレスポンスチーム（SRT）への24時間365日のアクセスや、DDoSに関連して起こったスパイクに対する保護を提供します。このため、DDoS攻撃に関してAWSサービスに依頼する必要はありません。

Section 6-10 Amazon GuardDuty

> **Point**
>
> GuardDutyは、マネージド型の脅威検出サービスである。悪意のある動作や不正な動作を継続的にモニタリングできる他、サービスレベルのログも使用できる。

Amazon GuardDutyは、悪意のある操作や不正な動作を継続的にモニタリングする脅威検出サービスです。AWSアカウントとワークロードを保護します。

クラウドを使用すると、アカウントとネットワークアクティビティの収集と集計が単純化できますが、セキュリティチームが潜在的な脅威についてイベントログデータを継続的に分析するには時間がかかります。GuardDutyは、AWSクラウドで継続的な脅威を検出するための、インテリジェントで費用対効果の高いオプションです。

AWSマネジメントコンソールを数回クリックするだけで、ソフトウェアやハードウェアを使用することなく、GuardDutyを有効にし、デプロイやメンテナンスを行うことができます。

GuardDutyは、AWS CloudTrail、Amazon VPCフローログ、DNSログなど、複数のAWSデータソースにわたる数千億のイベントを分析します。機械学習、異常検出、および統合された脅威インテリジェンスを使用することで、潜在的な脅威を識別し、優先順位を付けます。

Amazon EventBridgeと統合することで、GuardDutyアラートは実用的となり、複数のアカウントにわたっての集計や、既存のイベント管理およびワークフローシステムへのプッシュを簡単にします。

Amazon Inspector

Point

アプリケーションのセキュリティを評価できるサービスにAmazon Inspectorがある。

　Amazon Inspectorはアプリケーションのセキュリティを評価できるサービスです。事前定義されたルールによって、チェックを行います。

　これにより、アプリケーションのセキュリティ上の脆弱性や、ベストプラクティスからの逸脱の確認が可能になります。例えばEC2上のアプリケーションに対して、EC2インスタンスへのネットワークアクセスが不用意に設定されていないかなどがわかります。また、脆弱なソフトウェアがインストールされていないかなどのチェックもできます。

　評価結果はリストとして、作成され、重大度別に表示されます。これにより、AWS上のアプリケーション利用におけるコンプライアンスを向上させることができます。

　前ページのAmazon GuardDutyはセキュリティインシデントが発生した際に脅威を検出するものであるのに対して、このAmazon Inspectorはセキュリティインシデントを未然に防ぐ目的で脆弱性診断などを行うサービスです。つまり事後対策としてのGuardDuty、事前対策としてのInspectorになります。

AWS Trusted Advisor

✎Point

AWS Trusted Advisorは、AWSのベストプラクティスに従ったチェックができるオンラインツールである。コスト最適化、パフォーマンス、セキュリティ、フォルトトレランス、サービス制限のそれぞれでチェックする。

　AWS Trusted Advisorは、AWSのベストプラクティスに従ったチェックができるオンラインツールです。コスト最適化、パフォーマンス、セキュリティ、フォルトトレランス、サービス制限のそれぞれについてチェックできます。つまり、セキュリティのみのチェックツールというわけではありませんが、次の6つのセキュリティチェックは基本となっています。

①S3バケットアクセス許可

　オープンアクセス許可を持つAmazon S3のバケットをチェックします。

②セキュリティグループ-特定のポート無制限

　無制限のアクセスをチェックし、ハッキング等のリスクを確認します。

③IAM使用

　AWS Identity and Access Managementの使用を確認します。

④ルートアカウントでのMFA

　多要素認証（MFA）が有効になっていない場合に警告します。

⑤EBSパブリックスナップショット

　EBSのスナップショットのアクセス許可がパブリックであると警告します。

⑥RDSパブリックスナップショット

　DBスナップショットのアクセス許可がパブリックであると警告します。

なお、AWS Trusted Advisorは、AWSサポート（4-22参照）のプランによって利用できる範囲が変わります。「ベーシックプラン」と「開発者プラン」については、6つの基本のセキュリティチェックと、50のサービスに限定したチェックができます。「ビジネスプラン」と「エンタープライズプラン」では、さらに充実しており、全115のチェックが可能です。

＊Column　ちょっとアソシエイト2

　ここではAWS認定ソリューションアーキテクトアソシエイト試験との違いについて少し解説します。

　AWS Trusted Advisorは、クラウドプラクティショナー試験では特に重要なサービスで、出題傾向が高いものです。それというのも実務で大変役に立つサービスとして知られているからです。

　自分が設計した内容をAWSのベストプラクティスに沿ったものであるかチェックしてくれるサービスですので、実務上、設計ミスなどをチェックでき、とても助かります。

　ただし、このサービスもソリューションアーキテクトアソシエイト試験ではほとんど出題されないと考えられます。また第9章で挙げるコスト関連ツールもほとんど出題されることはありません。アソシエイト試験でのコストに関する出題としては、例えば「EC2の購入オプションやEBSのストレージタイプとしてどれを選択すれば、要件に即した上でコスト低減可能であるか」などが問われます。つまり見積もりツールなどのコスト関連ツール自体は、このクラウドプラクティショナー試験限定です。そのため、このプラクティショナー試験で学習しておくことは、実務での活用を考えると重要です。

Section 6-13 Amazon MacieとAmazon Detective

🔍 Point

Amazon Macieは機密データの検知のためのサービス。検知されたセキュリティ問題の原因分析をするサービスがAmazon Detective。

　Amazon Macieは、AWSアカウント内のS3に機密データの有無を検知するサービスです。機械学習やパターンマッチングを用いて、機密データを検出し、セキュリティリスクを可視化します。具体的には、S3内のデータをサンプリングし、個人を特定可能な情報などの機密データを検査するとともに、データマップやスコアを提供します。この情報は特定のS3バケットの詳しい調査のための基準として使用可能です。調査結果は、Amazon EventBridgeやAWS Security Hubに送信され、必要に応じて自動修復アクションを実行することが可能です。

　一方、Amazon Detectiveは、セキュリティの問題を迅速に分析・調査するためのサービスです。AWSリソースのログデータを自動的に収集し、機械学習や統計分析を用いてデータをビジュアル化します。

　Amazon Detectiveは、最長1年間の履歴データにアクセスでき、GuardDutyの検出結果と結びつけることができ、AWS CloudTrailやAmazon VPCフローログからのイベントを自動的に抽出します。

　また、インタラクティブな動作グラフを使用して、リソースの動作とインタラクションを表示します。これにより、ユーザーが独自の設定やクエリを開発することなく、データを効果的に分析できます。例えば、標準外の活動やセキュリティ上の問題を示す可能性のあるパターンを迅速に特定できます。

Section 6-14 Amazon WorkSpacesと Amazon AppStream2.0

> **🔅Point**
>
> Amazon WorkSpacesはAWSが提供する仮想デスクトップであり、Amazon AppStream 2.0はアプリケーションストリーミングのサービスである。

　Amazon WorkSpacesは、クラウド上でフルマネージドのデスクトップコンピューティングサービスを提供します。これにより、ユーザーはインターネット経由で任意のデバイスから仮想デスクトップにアクセスできます。用途としては、リモートワーカーやBYOD（自分のデバイスの持ち込み）のポリシーを採用する企業、セキュアなデスクトップ環境を提供したい組織などで使用されます。

　一方、AppStream 2.0は、クラウド上でアプリケーションをストリーミングするサービスです。ユーザーはウェブブラウザからアクセスし、特定のアプリケーションだけを実行することができます。用途としては、重いグラフィックアプリケーション、特定のアプリケーションのみを提供したい場合、または短期的なトレーニングや実習の環境として利用する場合などに適しています。

　それぞれのサービスの違いは次の通りです。

■ 提供する範囲

　WorkSpacesは完全なデスクトップ環境を提供するのに対し、AppStream 2.0は特定のアプリケーションのみを提供します。

■ アクセス

　WorkSpacesは専用のクライアントソフトウェアを必要とする場合がありますが、AppStream 2.0はHTML5をサポートするウェブブラウザからアクセスできます。

■ 適用シナリオ

　WorkSpacesは長期間、定常的に使用する仮想デスクトップ環境に適しています。一方、AppStream 2.0は短期間のトレーニングや特定のアプリケーションへのアクセスに特化しています。

AWS Secrets Managerと SystemManager Prameter Store

🔍Point

AWS Secrets Managerは、セキュアにシークレット（例えばパスワードやAPIキー）を管理・ローテーションするためのサービス。Systems Manager Parameter Storeはアプリケーションやシステムの設定データをセキュアに保存・管理するサービス。

　AWS Secrets Managerは、シークレットの安全な管理と取得をサポートするサービスです。シークレットとは、データベース資格情報、APIキー、OAuthトークンなど、機密性の高い情報を指します。Secrets Managerは、RDS、Redshift、DocumentDBなどのAWSサービスと連携してシークレットを自動的にローテーションできます。課金は管理しているシークレットの数とシークレットの取得回数に基づきます。またAWS KMS（Key Management Service）と統合されており、シークレットの暗号化に使用されるキーを管理できます。

　一方、AWS Systems Manager Parameter Store（SSM Parameter Store）は、文字列、文字列のリスト、セキュアな文字列（暗号化されたデータ）としてのパラメータ値の保存、管理、取得を可能にし、パラメータを階層的に整理して保存することができます。セキュアな文字列を保存する際には、AWS KMSでキーを使用してパラメータを暗号化します。SSM Parameter Storeは、構成データ管理とシークレット管理を提供するサービスの一部としてAWS Systems Managerの中にあります。大量のパラメータを無料で保存できますが、上限を超えると追加料金が発生します。

　この2つのサービスを比較すると、Secrets Managerは主にシークレットの管理とローテーションに特化しています。一方、SSM Parameter Storeは広範な構成データとシークレットの管理に使用されます。また、Secrets Managerは自動的なシークレットのローテーションをサポートしていますが、SSM Parameter Storeはそのような機能を持っていません。

Chapter **7**

Well Architected
フレームワーク：信頼性

AWSにおける信頼性とは、単に障害の予防や復旧といったことだけを指すのでは
ありません。可用性まで含んだ広義の定義になっています。本章では、高い信頼
性を得るために活用できるAWSの機能やサービスについて説明します。

Auto Scaling

🔧Point

Auto Scalingを使うことで、異常なインスタンスを置き換え、アプリケーションの可用性を維持できる。また、キャパシティの増減によって、ビジネス需要に応じたリソースを準備することも可能になる。

　Auto Scalingは文字通り、自動的にリソースをスケール（増減）させるサービスです。追加料金なしで利用できます。予測スケーリングと動的スケーリング（それぞれ予防的アプローチと事後的アプローチ）を組み合わせて実行できます。

　Auto Scalingのサービスは、2つのAWSリソース群に対応しています。

■EC2 Auto Scaling

　EC2インスタンスに対応します。

■Application Auto Scaling

　ECSクラスタ、スポットフリート、EMRクラスタ、DynamoDBテーブル、Auroraレプリカなどに対応します。

　これらのAuto Scaling機能により、ビジネスの需要に応じたキャパシティと最適な可用性を維持することができます。

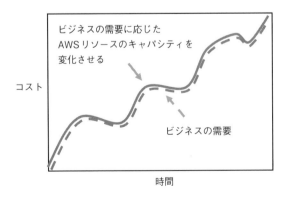

重要度：★★★☆☆

Section 7-2 AWS VPNとAWS Transit Gateway

Point

AWS Virtual Private Network（VPN）は、インターネット上で暗号化技術により、専用の接続経路を確立する技術。AWS Transit Gatewayは、多数のAWS VPCとオンプレミスを接続するためのハブとして機能するサービスである。

AWS VPNは、インターネット上で、暗号化技術により、専用の接続経路を確立する技術です。

この接続経路は、オンプレミスとAWS間のサイト間VPNと、AWS Client VPNの2つで構成されています。AWSサイト間VPNは、オンプレミスとAmazon VPCまたは AWS Transit Gatewayの間に暗号化されたトンネルを作成します。AWS Client VPNは無料のVPNソフトウェアクライアントを使用して接続します。この接続方法により、ネットワークトラフィックを保護する高可用性かつ柔軟なVPNソリューションが可能です。

AWS Client VPNは、需要に応じて自動的にスケールアップまたはスケールダウンします。フルマネージド型なのでハードウェアなどは不要です。

AWS Transit Gatewayは、AWSのクラウドリソースとオンプレミス環境を接続するためのサービスです。VPCおよびVPN接続を単一のゲートウェイに集中的に接続することで、ハイブリッドクラウドのネットワークトポロジーを簡素化し、管理を容易にします。

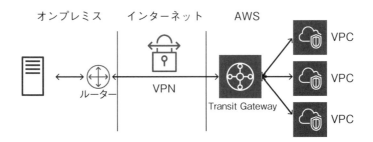

オンプレミス　インターネット　AWS

ルーター　VPN　Transit Gateway　VPC　VPC　VPC

AWS Direct Connect

Section 7-3

🔍**Point**

AWS Direct Connectは、オンプレミスのデータセンターやオフィスとAWS間を、専用線を介してプライベート接続するサービスである。

AWS Direct Connectは、オンプレミスからAWSへの、専用線によるネットワーク接続をシンプルに構築できるサービスです。これにより、インターネットを介した接続に比べて、安定した良好なネットワーク品質が実現できます。

AWS Direct Connectの月額利用料は、ポート使用量とデータ転送料で決まります。データ転送料は、インターネット接続のデータ転送料と比べると数分の1と安価になります（キャリアサービスの費用は別途必要です）。

このサービスの利用によって、ネットワークのコスト削減と、帯域幅のスループット向上が可能になり、インターネット接続よりも安定したネットワークエクスペリエンスが提供できます。

Direct Connectロケーション

東京リージョンのDirect Connectロケーションとしては、Equinix TY2（東京）、OS1（大阪）、アット東京中央データセンター CC1（東京）などがあります。これらにオンプレミスのデータセンターから専用線で接続することにより、AWSクラウドとDirect Connect接続ができます。

データベース関連サービス（AWS Glue/ Amazon Athena/Amazon QuickSight）

Section 7-4

Point

AWS GlueはETLサービス、Amazon AthenaはS3へSQLを発行できるサービス、そしてAmazon QuickSightはダッシュボートを作成できるBIサービスである。

AWS Glueはサーバーレスの ETL（データの抽出、変換、ロード）サービスです。こうしたデータ統合に必要な機能を備えており、サーバーを構築する必要なく、短期間で、データを分析し使用可能になります。これにより、データのクリーニング、正規化、結合などが容易に可能になり、データベース、データウェアハウス、およびデータレイクにデータをロードして利用できます。

Amazon Athenaはインタラクティブなクエリサービスで、Amazon S3内のデータに対し、標準SQLを使用できます。Athenaはサーバーレスであり、インフラ構築は不要です。Amazon S3にあるデータを指定し、スキーマを定義し、標準的なSQLを使用してクエリの実行を開始できます。Athenaを使用するとデータ準備のためのETLジョブは不要になります。

Amazon QuickSightは簡単にダッシュボートを作成できるサーバーレスBIサービスです。ユーザー向けにダッシュボードビューを提供し、データドリブンな意思決定を行えます。

これらのサービスはいずれもサーバーレスであるため、構築も運用も容易です。

Amazon SQSとAmazon SNS

Section 7-5

> 🔍 **Point**
>
> Amazon SQSは、メッセージキューイングサービス。Amazon SNSは、プッシュ通知
> やメッセージ配信サービス。

　Amazon Simple Queue Service（SQS）は、フルマネージドのメッセージキューイングサービスです。大量のメッセージを効率的にキューイングすることが可能で、システム間のメッセージ遅延や喪失を防ぐことができます。キュー（Queue）とは、メッセージを管理するための入れ物のようなもので、プロデューサ（送信する側）とコンシューマ（受信する側）をつなげる役割を持っています。

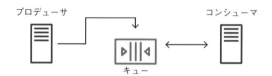

　一方、Amazon Simple Notification Service（SNS）は、プッシュ通知やメッセージ配信のためのフルマネージド型のサービスで、システムとユーザーに通知（Notification）を送信することができます。これにより、複数の送信先（サブスクライバー）に対して一度にメッセージを配信することができます。

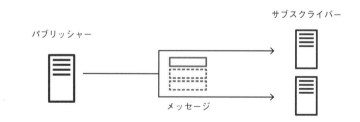

　SQSは大量のメッセージを効率的にキューイングする一方、SNSは多くのサブスクライバーに対してリアルタイムでメッセージを配信します。

Chapter **8**

Well Architected
フレームワーク：
パフォーマンス効率

AWSでは、システムリソースを効率的に使用するとともに、要求の変化やテクノロジーの進化に対して適応していくことを「パフォーマンス効率」としています。本章では、そのパフォーマンス効率を上げるために活用できる機能やサービスについて説明します。

Amazon EC2の性能アップ

Section 8-1

🔍 Point

Amazon EC2の性能アップに向けては、コンピューティング、ストレージ、ネットワークとそれぞれ考慮点がある。

EC2の性能アップに向けて、次のような考慮点があります。

■ コンピューティング

同一インスタンスファミリーでも、インスタンスの世代が新しい方が性能が高くなります。

また、最新のOSを利用することで、性能が改善されるケースもあります。

■ ストレージ

IOPSやスループットから適切なEBSストレージタイプを選択します。

EBSはネットワーク経由でアタッチされているブロックストレージです。そのため、EBS最適化インスタンスを選択し（現行世代のインスタンスはデフォルト）、ストレージI/O以外の他のネットワークとの競合を避けます。

■ ネットワーク

拡張ネットワーキングを有効化します。

インスタンス間の通信はクラスタプレイスメントグループにより低レイテンシーを実現できます。

重要度：★★★★

Section 8-2 Amazon RDS

Point

Amazon RDSはフルマネージド型のリレーショナルデータベースである。Amazon
Aurora、PostgreSQL、MySQL、MariaDB、Oracleデータベース、SQL Serverなど6
つのデータベースエンジンが利用できる。

　Amazon Relational Database Service（Amazon RDS）はクラウド上のフルマ
ネージド型のリレーショナルデータベースです。そのため、セットアップ、オペレー
ション、スケールが簡単です。ハードのプロビジョニング、データベースのセットアッ
プ、パッチ適用、バックアップなど煩雑な管理作業の自動化が可能です。

　Amazon RDSは、メモリ、パフォーマンス、I/O最適化のデータベースインスタン
スタイプを選択できます。Amazon Aurora、PostgreSQL、MySQL、MariaDB、
Oracleデータベース、SQL Serverなどのデータベースエンジンから選択できます。

　Auroraは大規模なエンタープライズ企業用の信頼性の高いデータベースです。
データ量の増加につれてストレージが自動的に拡張されます。Auroraクラスタボ
リュームは最大128tebibytes（TiB）まで増加できます。またAuroraは高パフォー
マンス高分散型ストレージのデータベースであるため、高信頼性と高可用性をサ
ポートしています。

　また、Amazon RDS for MariaDB、Amazon RDS for MySQL、Amazon
RDS for PostgreSQL、Amazon RDS for SQL Server、Amazon RDS for
Oracleでも、ストレージの自動スケーリングがサポートされています。増加するデー
タベースに応じてストレージ容量がダウンタイムなしで自動的にスケールされます。

8

Amazon Redshiftと Amazon Neptune

Point

Amazon Redshiftは、ペタバイト規模のマネージド型データウェアハウスである。集計、分析に力を発揮する。またAmazon Neptuneはグラフデータベースである。推奨エンジンに適している。

Amazon Redshiftは、クラウド上のデータウェアハウスです。オンプレミスのデータウェアハウスと異なり、数クリックで起動し、従量課金制であるという特長があります。また非常に高パフォーマンスであり、容量のニーズの変化に応じてノードの数や種類の変更が可能な、ハイスケーラビリティなデータベースです。SQLのデータベースですが、列指向のデータベースであり、集計や分析に力を発揮します。こうした利点から、近年はデータウェアハウスをオンプレミスから、Amazon Redshiftに移行するケースが増えてきています。

Redshiftに適したワークロードは、巨大なデータセット（数百GB～ペタバイトクラス）を扱うものです。こうしたデータセットを利用したビジネスインテリジェンス（BI）による分析などに適しています。

一方で、SQLの並列実行が多いものや、ランダムな更新アクセスが多いものは、通常のRDSの方が適しています。

Amazon Neptuneはリレーションシップの格納とナビゲートを目的として構築されたグラフデータベースになります。リレーションシップとして、親子関係、アクション、所有権などを記述できるため、ユースケースとしては、商品のリコメンデーションをする推奨エンジンや、関係性のないものを検出するリアルタイムでの不正検知に利用可能です。1つのノードが持つことができるリレーションシップの数や種類に制限はありません。

Section 8-4 Amazon ElastiCache

> **Point**
>
> Amazon ElastiCacheは、キャッシュソリューションである。このソリューションはインメモリデータストア（またはインメモリキャッシュ）を利用している。

Amazon ElastiCacheは、キャッシュソリューションです。そのため、RDSといったデータベースの前に設置します。

ElastiCacheを設置することで、アプリケーションが高スループットかつ低レイテンシーなインメモリデータストアからデータを取得することができるようになるので、パフォーマンスを改善したりすることが可能です。

ElastiCacheで利用しているのは、フルマネージドのRedisおよびMemcachedを利用可能な、オープンソース互換のインメモリデータストアです。そのため、デプロイ、運用、スケールが容易にできます。

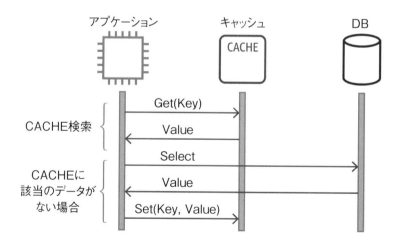

なお、ElastiCacheと同様なインメモリデータストアとしてはAmazon MemoryDB for Redisもあり、こちらは耐久性のあるデータベースであることが特徴です。

重要度 : ★★★☆☆

Amazon S3 Transfer Acceleration

Section 8-5

🔹Point

大陸をまたがったAmazon S3へのアップロードには、Amazon S3Transfer Accelerationを利用すると、簡単で高速かつセキュアにファイル転送できる。

Amazon S3はリージョンにあるストレージサービスです。

あるリージョンにあるS3のバケットに対して、世界中から動画ファイルなどの大容量のファイルのアップロードがあった場合を考えてみると、地球の裏側から大陸をまたがったギガバイトクラスのデータ転送が必要になり、インターネット経由では帯域が制限されて性能が出ないケースが考えられます。

そこで、Amazon S3 Transfer Accelerationは、アップロード元のクライアントとS3バケットの間で、長距離にわたるファイル転送が、高速かつ安全に行える仕組みを提供しています。

S3 Transfer Accelerationでは、Amazon CloudFrontのエッジロケーションを利用します。各クライアントからエッジロケーションに送られたデータは、AWSのネットワークパスでAmazon S3にルーティングされます。

Section 8-6 AWS Global Accelerator

> **🔍 Point**
>
> AWS Global Acceleratorは、AWSネットワークを利用することでトラフィックを最適化し、可用性とパフォーマンスを改善するネットワークサービスである。

　AWS Global Acceleratorは、着信するトラフィックを複数のAWSリージョンにルーティングするAWSのネットワークサービスです。通常のインターネット経由ではなく、世界中に張り巡らされているAWSのグローバルネットワークを使用します。このため、グローバル規模のアプリケーションであってもアクセスの遅延を低減でき、適切なユーザーエクスペリエンスが提供可能です。また耐障害性にも優れた設計のため、高い可用性を提供できます。

　グローバルなアプリケーションの可用性とパフォーマンスを改善することができ、ケースによってはトラフィックのパフォーマンスを60%改善させることができます。

AWS Global Accelerator がない場合

AWS Global Accelerator がある場合

AWS Global Accelerator

Chapter 9

Well Architected
フレームワーク：コスト最適化

コスト最適化とは、もっとも低い価格でシステムを運用して、ビジネス価値を実現することを指します。単に金額だけの問題ではなく、機能とのトレードオフも考慮して調整する必要があります。本章では、そのために活用できる機能やサービスについて説明します。

Section 9-1 Amazon EC2の購入オプション

> **Point**
>
> Amazon EC2には、ワークロードのニーズに応じて、コストを低減するための購入の仕方（購入オプション）がある。

　Amazon EC2には、ニーズ別にコストを最適化し、低減するために、次のような購入オプションが用意されています。

■ オンデマンドインスタンス

　起動するインスタンスに対して、秒単位で課金される料金モデルです。

■ Savings Plans

　1年間または3年間の、特定のコンピューティング使用量（例えばUSD/時間で測定）のコミット契約により、EC2オンデマンドおよびFargateやLambdaの料金の節約ができる料金モデルです。オンデマンドより最大72%節約可能となっています。

■ リザーブドインスタンス

　1年間または3年間の、一定のインスタンス利用（ある期間のまとめ買い）により、コスト低減が可能な料金モデルです。オンデマンドより最大72%節約可能です。

■ スポットインスタンス

　未使用のEC2インスタンスをAWS上のオークションで入札して利用でき、コストを大幅に削減可能な料金モデルです。オンデマンドより最大90%節約可能となっています。ただし、中断もありえます。

■ 専用ホスト

　インスタンスの実行専用の物理ホストを使う料金モデルです。既存のソケット単位、コア単位、VM単位のソフトウェアライセンスを持ち込むことができ、ライセンス料の低減が可能となっています。

AWS Organizations

Point

AWS Organizationsは複数のアカウントの一元管理ができる。これには、コンプライアンス上のメリットとともに、請求関連のメリットもある。

　AWS Organizationsは、複数のアカウントのポリシーの一元管理ができます。アクセス制御、コンプライアンス、セキュリティの制御、AWSアカウント間でのリソースの共有が可能です。このため、まずアカウントごとの複雑なアクセス制御のポリシーを管理するといったコンプライアンス上のメリットがあります。

　また、複数のAWSアカウントをまとめることによって、支払い方法をシンプルにできます。このシンプルな一括請求機能によるメリットには、次のようなものがあります。

■1つの請求書

　複数のアカウントの請求書を、1つの請求書に統合できます。

■簡単な追跡

　複数のアカウントでの料金を追跡することもできます。これにより、コストと使用状況の統合データをダウンロードすることで管理できます。

■使用状況の結合

　組織内の全アカウントの使用量を結合することによって、料金のボリューム割引、リザーブドインスタンスの割引ができます。また、まとめた費用の削減計画を立てることができます。その結果、個別アカウントごとの支払いと比較して安くできます。

　このOrganizationsは追加料金なしで利用できます。

計画時のコスト関連ツール：AWS Total Cost of Ownership（TCO）Calculator

Section 9-3

🔍 Point

AWS総所有コスト（TCO）計算ツールは、AWSを使用した場合に、節約できるコストを見積もることができる。これにより、オンプレミスからAWSに移行する際に、コスト面のメリットを確認することができる。

　総所有コスト（Total Cost of Ownership、TCO）には、コンピュータシステムの構築にあたっての初期費用であるハードウェアやソフトウェアの購入費用、構築費用のみならず、運用後の維持費用（人件費、保守費用など）、廃棄費用などすべてが含まれます。

　AWSは使った分だけを支払う従量課金制の料金モデルですので、初期投資が削減できます。このため、TCOを削減することができます。TCO計算ツールを使用することにより、AWSを使用した場合に節約できるコストを見積もることができ、役員などへのプレゼンテーションに使用できる詳細なレポートのセットも入手できます。

　また、TCO計算ツールでは、オンプレミスからAWS上にワークロードをデプロイした場合のコスト節減についてのガイダンスも提供されます。このツールでは、計算モデルが用意されているため、ユーザーから提供されたデータを元に、コスト面での実現可能性を評価することができます。オンプレミスからの初期移行にあたっての計画に活用できるものです。

Section 9-4 計画時のコスト関連ツール： AWS Pricing Calculator

✎Point

AWS Pricing Calculatorは、AWSの製品およびサービスについて、ビジネスまたは個人のニーズに合うコスト見積もりができる（前身のツールであるAWS Simple Monthly Calculatorは2020年6月30日までのサポートになっており、その後継として当機能が利用可能）。

　AWSの料金見積もりに際しては、AWSでのソリューションを検討し、アーキテクチャとしてモデル化して、サービスに見合った価格見積もりをする必要があります。AWS Pricing Calculator（AWS料金計算ツール）はAWSのサービスを調べ、AWSのユースケースにあったコストを見積もることが可能です。そのためAWSの利用にあたり、十分な知識を元に意思決定することが可能になります。

　Pricing Calculatorは、AWSの経験がないユーザーや、AWSでの拡張を検討するユーザーにとっても有効なもので、クラウドやAWSに関する経験は必要ありません。

　AWSのサービスの料金と可用性はリージョンごとに異なるため、Pricing Calculatorは AWSのマルチリージョンをサポートし、各リージョンでのサービスやサービスのグループを設定します。そうした見積もりをCSVファイルにエクスポートして分析に利用することもできます。

　また、オンデマンド、リザーブド、あるいは両方の料金モデルを組み合わせることもできます。その結果、Amazon EC2ワークロードの最低コスト見積もりの作成が可能で、もっとも費用対効果が高いEC2インスタンスの特定が容易になっています。

運用時のコスト関連ツール：AWS Cost and Usage Report（CUR）

Point

AWS Cost and Usage Reportは、もっとも基本的で包括的なコストと使用状況のレポートである。このサービスにより、AWS請求レポートを発行できる。

AWS Cost and Usage Report（AWS CUR、コストと使用状況レポート）は、もっとも包括的なコストと使用状況のデータが含まれたレポートです。AWSサービスの使用状況を追跡し、アカウントに関連する推定請求額を示します。各レポートには、AWSアカウントで使用するAWS製品、使用タイプ、オペレーションの固有の組み合わせごとに明細項目が表示されます。時間単位または日単位での情報集約などのカスタマイズが可能です。

また、Amazon S3バケットに対してAWS請求レポートを発行できます。使用したコストについて、時間単位、月単位、製品または製品リソース別、あるいは事前定義したタグ別に分類したレポートが取得できます。

このS3バケットのレポートは、CSV（カンマ区切り値）形式で、デフォルトでは1日1回更新します。そのため、Microsoft Excelを使用してレポートを表示したり、Amazon S3 APIを使用するアプリケーションからレポートにアクセスすることも可能です。

運用時のコスト関連ツール： AWS Cost Explorer

Point

AWS Cost Explorerは、過去最大13ヶ月間に使用したコストをグラフ等で可視化できる。サービスごとや利用部門ごとのコストが分析でき、リザーブドインスタンスやSavings Plansによって削減できたコストも把握可能。

　AWS Cost Explorerは、AWSのコストと使用量の経時的変化をグラフと表形式データで可視化します。フィルタ処理やグルーピングによって、サービスやアカウントごとに絞り込むことも可能です。コストと使用状況のデータを分析するカスタムレポートも作成できます。

　このため、理解しやすいコスト管理ができます。これにより、大まかな利用コストの分析、コストと使用量のデータ詳細や、傾向分析、コスト要因、異常を特定できます。

　リザーブドインスタンスやSaving Plansによって削減できたコストも把握可能です。これにより購入したリザーブドインスタンスの無駄のない利用の確認も可能です。

　また今後の推奨事項も確認でき、コストと使用量が将来どのようになるかをより深く把握できます。

Section 9-7	運用時のコスト関連ツール： AWS Budgets

Point

AWS Budgetsは予算管理のアラートサービスである。あらかじめ設定した予算を超えた時に、アラートを送ることができる。

AWS Budgetsは、カスタム予算を設定すると、予算のしきい値を超えた時にアラートを発信することができます。つまり、コストまたは使用量が予算額や予算量を超えた時（あるいは超えることが予測された時）にアラートを発信できます。

またAWS Budgetsは、予約した使用率もしくはカバレッジターゲットを設定すると、使用率が設定したしきい値を下回った場合にアラートを発信することもできます。この予約のアラートは、Amazon EC2、Amazon RDS、Amazon Redshift、Amazon ElastiCache、Amazon Elasticsearchでサポートされています。

AWS Budgetsダッシュボードが操作の起点となり、予算状況を簡単にモニタリングできます。またサービス、アカウント、リージョン、タグなどに関連付けられたフィルタでの管理も可能です。

アラートのしきい値は予算ごとに最大5つ設定できます。予算サイクルとしては、1ヶ月、3ヶ月、1年ごとで、開始日と終了日をカスタマイズしたりすることも可能です。

1つのアラートで最大10人のEメール受信者に通知できるだけでなく、Slackチャネル、Amazon Chimeルーム、Amazon SNSトピックに関連させることもできます。

Section 9-8 リソースへのタグ付け

Point
タグを付けることで、インスタンスリソースにビジネスや組織の情報を付けることができ、組織の観点からコストの使用状況の最適化が可能である。

　インスタンス等のリソースには、タグというメタデータをオプションとして、割り当てることができます。

　タグは、ユーザーが定義するキーと値の2つで構成されます。

- タグキー（例えばCostCenterやProjectなど）
- タグ値（例えば100000011など）

　タグはリソースの管理、識別、整理、検索、フィルタリングに役立ちます。タグを作成することで、リソースを目的、所有者、環境その他の基準別に分類し、管理することができます。これによって、同じアカウントの中で、組織ごとの課金情報を整理するといったことも可能になります。

Chapter **10**

AWS認定クラウド
プラクティショナー練習問題

前章までに理解した内容の確認と知識定着のため、クラウドプラクティショナー
試験の練習問題を解いてみましょう。問題数は65問ありますので、実際の試験と
同等のボリュームになります。

Section 10-1 練習問題の使い方

　クラウドプラクティショナー試験では、クラウドの概念を示す用語や各AWSサービスの意味を問うものが多く出題されています。そのため解答にあたっては、問題文や解答文に出てくる言葉の意味を正しく理解していることが大切です。

　そこで、本章では、単純に問題を解き、採点して理解度をチェックするというだけの、答え合わせ方式の問題集にするのではなく、1問1問、登場する単語の意味や、なぜその答えになるのかが確認できる解説を付けてあります。試験の直前には、本章を見直すだけでも、一通りの復習になることを意図しました。

　また、第2章～第9章までの8章分のどの章の説明に対応した問題であるかもわかるようにしました。解説の文章だけでは理解が不安な際は、それらの章に戻って復習をしてみてください。

Section 10-2 練習問題

◉問題1

クラウドにおける重要なアーキテクチャ原則は次のうちどれですか。

a. 障害設計を実施する。

b. 密結合なコンポーネントで構成する。

c. サービスではなく、サーバー。

d. アプリケーション開発にあたっては綿密に計画し設計する。

【解答】a

【参照】第3章　AWSクラウドの特長

クラウドは基本的に、固定サーバーを間借りして利用する形態ではありません。利用するたびに、毎回、異なる仮想インスタンスが起動しているイメージです。また、非常に多くのインスタンスが起動しているイメージになります。1個の堅牢なサーバーの上でシステムが稼働しているものではないため、数多くのインスタンスのうち、もしその1つで障害があっても、他のインスタンスによりリカバリーするような設計が求められます。そのため、正解はaの障害設計になります。

bの「密結合」という考え方については、反対の概念である「疎結合」にすべきです。1つのコンポーネントの停止が、他のコンポーネントに影響しないという設計を疎結合といい、これも重要なアーキテクチャ原則です。

cは、逆に「サーバーではなくサービス」という選択肢であれば、アーキテクチャ原則になります。

dは、クラウドにおける設計原則を述べているものではありません。

◉ 問題2

> 現在のウェブアプリケーションはモノリス（モノリシック）なシステムであり、1つの障害がアプリケーション全体に影響を及ぼすことにより、システムダウンに繋がっています。次の中のどのAWS設計原則を適用するとよいでしょうか。
>
> a. 他のコンポーネントの障害が別のコンポーネントに及ばないようにコンポーネントを分離する。
> b. EC2インスタンスを複数、並行実施させることにより、システムダウンを回避する。
> c. アプリケーションのスケーリングにより、システムダウンを回避する。
> d. EC2のインスタンスを二重化するとともに、常時稼働状態にすることで、1つのシステムのダウンが他に影響しないようにする。

【解答】a
【参照】第3章　AWSクラウドの特長

　この設問で述べられたシステムは、モノリス（モノリシック）なシステムとあります。このモノリスとは「1つの大きな岩」という意味です。つまり密結合にくっついたシステムという意味であり、1つの部分障害が全体のシステムダウンに繋がるようになっていることを述べています。こうした場合、コンポーネントを分けて、疎結合にすることで、他に影響させないような設計にすることが必要です。つまり、aが正解です。

　bやdは二重化による障害対策を述べていますが、この障害対策を講じても、1つのコンポーネント障害が全体に及ぶという問題自体は解消されません。

　cのスケーリング（スケールアウトやスケールアップ）という方法は、ここでのコンポーネント障害とは関係ありません。

⦿ 問題3

> クラウドには、弾力性（エラスティック）の特性があります。このことによるメリットは、次のうちどれになりますか（2つ選択）。
>
> a. セキュアなシステム構築。
> b. 需要に応じたリソースの使用の開始と終了の実施。
> c. 長期的な一括購入によるコストダウン。
> d. オンプレミスとの接続が容易である。
> e. 使用した分のみ支払う。

【解答】b、e
【参照】第2章　クラウドの概念

　弾力性のメリットは、需要に応じて、リソースの使用をコントロールできるということです。つまり、需要に応じてリソースの使用の開始、終了を行うことができる点があります。

　このコントロールによって、リソースを使用した分のみの費用を支払えばよいということが、もう1つのメリットになります。

　このため、答えはbとeになります。

10

◉ 問題4

世界中のお客様に対して、低レイテンシーを提供する設計原則は、次のどれになりますか。

a. フォルトトレランス
b. グローバル性
c. 従量課金制
d. 疎結合

【解答】b
【参照】第2章　クラウドの概念

グローバル性（グローバルリーチ）は、アプリケーションを設定したリージョンから離れた世界中のお客様全員に対して、近くにあるデータセンターが代わりとなってアクセスできるようにすることで、利用するお客様との低レイテンシーを実現する設計原則です。

◉ 問題5

> Amazon RDSインスタンスをマルチAZ配置で設定したいと考えています。この際に適用する設計原則は次のうちどれになりますか。
>
> a. 疎結合
> b. 自動化処理
> c. サーバーではなくサービス
> d. 障害設計

【解答】d
【参照】第3章　AWSクラウドの特長

　Amazon RDSのマルチAZ配置では、異なるアベイラビリティゾーン（AZ）にデータ同期されたスタンバイが自動的にプロビジョニングされている構成になります。そのため、このマルチAZ配置により、高可用性およびフェイルオーバーをサポートできます。つまり設計原則としては、dの「障害設計」になります。

　「疎結合」は、SQSを用いてキューベースでコンポーネントを分離したり、Lambdaでイベントを駆動したりする方式で、コンポーネントを分ける設計原則です。マルチAZという設問とは合いません。

　「自動化処理」という点では、RDSによる自動的なリカバリーは近い考え方ですが、マルチAZとは直接は関連しません。

　「サーバーではなくサービス」という考え方は、サーバーレスやマネージドサービスの利用により運用性を高めることです。RDSもマネージドサービスですが、これもマルチAZとは直接関連しません。

10

◉ 問題6

> あるアプリケーションではAWSクラウドにおける信頼性を高める必要があります。次のどのアーキテクチャ設計が信頼性を高める方法ですか（2つ選択）。
>
> a. トラフィック増を踏まえたテスト実施による信頼性の確保。
> b. オンプレミス環境にリカバリー用のバックアップを作成。
> c. ドキュメントに基づく適切な変更管理。
> d. 複数アベイラビリティゾーンの使用。
> e. 障害時の自動リカバリー設計。

【解答】d、e
【参照】第7章　Well Architectedフレームワーク：信頼性

　クラウドでの信頼性を問う内容です。

　通常、システムにおける信頼性と可用性は異なります。

　信頼性（Reliability）は機器の故障などが発生しにくいこと、つまり「障害が発生しにくいこと」です。サービスが使えなくなる頻度やその間隔を示す指標があり、平均故障間隔（MTBF）で表します。

　一方の可用性（Availability）とは、「システムやサービスが利用できる時間の割合」を指します。そのため、稼働率を用いて表します。

　ただし、AWSにおいては、信頼性は可用性についても含まれた概念になっています。次がAWSにおける信頼性の設計原則になります。

・復旧手順をテストする。
・障害から自動的に復旧する。
・水平方向にスケールしてシステム全体の可用性を高める。
・キャパシティを推測しない。
・自動化で変更を管理する。

　ここで、障害からの自動復旧や水平方向へのスケールといった可用性に関する内

容も含まれている点がポイントです。そこで、この設問での正解は、「複数のアベイラビリティゾーンの設計」と「障害時の自動リカバリー」になります。これ以外は、クラウドでの信頼性とは関連しないものです。

　トラフィック増を踏まえたテストによる信頼性というのなら、スケーリングによって信頼性を確保すべきです。

　オンプレミス環境にバックアップをすることもクラウドでの解決策ではありません。クラウドなら別リージョンにバックアップという方法になります。

　変更管理については、ドキュメントに基づくものではなく、自動化で変更管理するのであれば、信頼性に関するものです。

◉ 問題7

> リージョン、アベイラビリティゾーン、データセンターはそれぞれどのような関係になっていますか。
>
> a. アベイラビリティゾーンは複数リージョンで構成され、リージョンは複数データセンターで構成される。
> b. データセンターは複数リージョンで構成され、リージョンは複数アベイラビリティゾーンで構成される。
> c. アベイラビリティゾーンは複数データセンターで構成され、データセンターは複数リージョンで構成される。
> d. リージョンは複数アベイラビリティゾーンで構成され、アベイラビリティゾーンは複数データセンターで構成される。

【解答】d

【参照】第2章　クラウドの概念

　これは紛らわしい問題ですが、大きい順に「リージョン→アベイラビリティゾーン→データセンター」となっていることを覚えていれば、正解はdだとわかります。

◉ 問題 8

> 責任共有モデルにおいてAWS側の責任となる作業は次のうちどれですか。
>
> a. 脆弱性のあるポートを制限するためのネットワークACL更新。
> b. 脆弱性のあるポートを遮断するためのセキュリティグループ更新。
> c. Amazon EC2インスタンス上のオペレーティングシステムのパッチ適用。
> d. EC2の下層のファームウェア更新。

【解答】d
【参照】第6章　Well Architectedフレームワーク：セキュリティ

　「ファームウェア」は、下層となっているので、EC2上に導入するOSのことではなく、そのEC2を適切に動かすためにAWSが使用している基盤のファームウェアという理解になります。そのためdのファームウェアの更新はAWSの責任になります。
　その他の内容は、すべてユーザーが設定できるものであるため、利用者側の責任になるものです。

10

◉ 問題9

> AWS責任共有モデルにおいて、AWS側ではなく顧客側の責任として対応可能な運用作業はどれですか。
>
> a. データセンターにおけるセキュリティ管理。
> b. システムの構成管理。
> c. 機器の修正プログラム適用。
> d. ユーザー管理とそのアクセス管理。

【解答】d
【参照】第6章　Well Architectedフレームワーク：セキュリティ

　AWSはデータセンターの場所を公開していませんので、データセンター自体のセキュリティ管理はAWSの責任になります。

　システムの構成管理というのも顧客側ではできませんので、AWS側の責任になります。

　また機器の修正プログラムの適用も同様です。

　ユーザー管理とそのアクセス管理は、IAMの機能を利用して、顧客側の責任で設定することになりますので、答えはdになります。

◉ 問題10

> AWS責任共有モデルにおいて、顧客の責任となる作業は次のうちどれですか。
>
> a. 業界認定の取得、および独立系サードパーティ認定の取得。
> b. AWSのサービスを実行するハードウェア、ソフトウェア、施設、およびネットワークに対するセキュリティ保護。
> c. プライベートネットワークおよびファイアウォールの設定。
> d. 証明書やレポートなどの文書についてNDAの元でAWS顧客に直接提供する。

【解答】c

【参照】第6章　Well Architectedフレームワーク：セキュリティ

　aはAWSによる各種の認定の取得になるので、AWS側の責任で実施します。

　bについても、クラウドにおけるハードウェアや施設ということなので、AWSの責任作業です。

　dはAWSが取得した認証情報について、NDAを交わした顧客に提供することなので、AWSの責任になります。AWS Artifactを使用すると、AWSのセキュリティおよびコンプライアンスのレポートをオンラインで参照することができます。

　残りのcはAWS上での顧客側の設定項目になりますので、顧客側の責任になります。

⦿ 問題11

責任共有モデルにおいて、顧客側の責任である作業は次のうちどれですか（2つ選択）。

a. セキュリティグループの設定。
b. オペレーティングシステムへの修正プログラム適用。
c. ネットワークインフラストラクチャのファームウェア適用。
d. 下層のハイパーバイザへの修正プログラム適用。
e. データセンターセキュリティ。

【解答】a、b
【参照】第6章　Well Architectedフレームワーク：セキュリティ

　正解は、aのセキュリティグループの設定と、bのオペレーティングシステムへの修正プログラム適用です。この2つは顧客側でできる作業です。
　cのファームウェアの適用は、AWSでないとできません。
　dの下層のハイパーバイザーとは、EC2を稼働させるためのベースシステムのことですので、AWS側の作業です。
　eはデータセンターの物理的なセキュリティになるため、AWSの責任作業になります。

◉ 問題12

> 　自社のコンプライアンスの監査にあたって、AWSの主要なコンプライアンス統制について確認が必要になりました。どのように確認したらよいでしょうか。
>
> a. Service Organization Control（SOC）レポートをAWS Artifactから取得。
> b. AWSサポートのエンタープライズプランの契約により、TAMから詳細情報を入手する。
> c. AWSサポートのビジネスプランを契約して対応する。
> d. AWS OrganizationsからService Organization Control（SOC）レポートをオンデマンドでダウンロード。

【解答】a
【参照】第6章　Well Architectedフレームワーク：セキュリティ

　AWS Artifactを利用することで、NDA（機密保持契約）を締結の上、SOCレポートをオンデマンドでダウンロードすることができるようになっています。こうしたAWSの外部監査情報を取得することにより、AWSの主要なコンプライアンス統制を確認することができます。そのため、正解はaになります。

　なお、AWSのコンプライアンスを確認するために、bやcのAWSサポート契約は必要ありません。

　また、dのAWS Organizationsにはこうした機能はありません。

◉ 問題13

> AWSを利用するセキュリティ上のメリットは次のうちどれですか。
>
> a. データの自動セキュリティ。
> b. リソースのキャパシティを正確に把握可能。
> c. ユーザーデータの監査。
> d. AWSによるコンプライアンスのニーズの管理。

【解答】d
【参照】第6章　Well Architectedフレームワーク：セキュリティ

　aのデータの自動セキュリティについては、暗号化をはじめ、ユーザーが設定する項目であるため、基本的に自動的に確保されるということはありません。

　bのリソースキャパシティの正確な見積もりは、AWSでは不要であることがベストプラクティスです。またセキュリティ上のメリットでもありません。

　cのユーザーデータの監査については、AWSではユーザーデータを管理しません。ユーザーデータは顧客の責任で管理します。

　dのコンプライアンスニーズの管理に関しては、AWSは様々な業界認証等を取得しており、顧客側が煩雑な業界認証をゼロから取得する必要はありません。このため、セキュリティ上のメリットとして、正解はdになります。

⦿ 問題14

　AWS IAM機能の中で、アカウントのルートユーザーに対して有効にすべき
ものはどれですか。

a. アクセスキー
b. Multi Factor Authentication（MFA）
c. シークレットキー
d. バケットポリシー

【解答】b
【参照】第6章　　Well Architected フレームワーク：セキュリティ

　AWSのアカウントのルートユーザーは、そのアカウントに対するすべての権限を
有しているため、厳重に管理すべきです。本当にルートユーザーが必要なタスクに
だけ利用し、システムを管理するタスクであっても、使用しないように管理すること
が必要です。そのため、aのアクセスキーは有効にするのではなく、削除すべきで
す。cのシークレットキーも同様です。
　dのバケットポリシーはS3に関するものです。
　答えはbとなります。MFA（多要素認証）は厳重に管理すべきものです。

10

◉ 問題15

AWSアカウントログインの際に、セキュリティ強化が求められています。次の中ではどの点を注意する必要がありますか（2つ選択）。

a. AWS Certificate Managerの利用。
b. Amazon Cognitoによるアクセス管理。
c. 多要素認証の有効化。
d. 強力なパスワードポリシーの設定。
e. AWS Shieldの構成。

【解答】c、d
【参照】第6章　Well Architectedフレームワーク：セキュリティ

aのAWS Certificate Managerはデジタル証明書を設定するためのサービスです。

bのAmazon CognitoはAWSのIDを発行するものですが、これはスマホアプリケーションなどのユーザーアクセスに対するID発行管理のサービスであり、アカウントへのログイン強化ではありません。

eのAWS ShieldはDDoS攻撃対策のためのサービスです。

AWSアカウントログインに対するセキュリティ強化は、cの多要素認証（MFA）と、dの強力なパスワードポリシー設定になります。

◉ 問題16

次のIAMエンティティの中で、AWS CLIの使用時に、アクセスキー IDおよびシークレットアクセスキーと関連付けられるものはどれですか。

a. IAMグループ
b. IAMユーザー
c. IAMロール
d. IAMポリシー

【解答】b
【参照】第6章　Well Architected フレームワーク：セキュリティ

　IAMのエンティティは、このように複数ありますが、グループは、ユーザーを束ねているものです。

　またロールは、ユーザーの代わりに一時的に利用できるアイデンティティ情報です。

　ポリシーはユーザーやロールなどの権限の範囲を設定できるものです。

　設問にあるアクセスキー IDやシークレットアクセスキーは、ユーザーと紐づくものです。そのため、bが正解です。

10

◉ 問題17

　ある企業のAWSアカウントで、セキュリティを侵害されたことが疑われることがありました。この時にユーザーはどのような対処が必要ですか（2つ選択）。

a. パスワードとアクセスキーの変更。
b. AWSサポートへの連絡。
c. MFAトークン削除。
d. 他のAWSリージョンへのリソースの移動。
e. AWS CloudTrailのデータの削除。

【解答】a、b
【参照】第6章　Well Architectedフレームワーク：セキュリティ

アカウントの侵害が疑われる場合、ユーザーは次の対処を行う必要があります。

- AWSアカウントのルートユーザーのパスワードの変更。
- すべてのルートとIAMアクセスキーの更新および削除。
- 侵害を受けた可能性のあるIAMユーザーの削除と、他のすべてのIAMユーザーのパスワード変更。
- EC2インスタンスとAMI、EBSボリュームとスナップショット、IAMユーザーなど、作成していないアカウントのリソースの削除。
- AWSサポートセンターを通じてAWSサポートから受け取った通知への応答。

このため、設問ではaとbが正解になります。

◉問題18

> 　近年、あるお客様のAWSサイトで、分散型サービス妨害（DDoS）攻撃が多発しています。この攻撃に対してシステムを保護するAWSサービスは、次のうちどれですか。
>
> a. AWS Trusted Advisor
> b. Amazon Macie
> c. Amazon CloudWatch
> d. AWS Shield

【解答】d
【参照】第6章　Well Architectedフレームワーク：セキュリティ

　aのTrusted AdvisorはAWSベストプラクティスの設定チェック用のサービスです。

　bのAmazon Macieは個人情報をチェックするサービスです。

　cのCloudWatchはリソースの各種情報をモニタするサービスです。

　そのため、これらは、DDoS対策ではありません。

　dのAWS ShieldはマネージドのDDoS対策サービスであり、正解になります。

10

◉ 問題19

ある企業のイントラネットから、AWSに対して専用ネットワーク接続をプロビジョニングしたいという話があります。どのサービスを使用しますか。

a. AWS CloudHSM
b. AWS Direct Connect
c. AWS VPN
d. Amazon Connect

【解答】b
【参照】第7章　Well Architectedフレームワーク：信頼性

　顧客サイトからAWSに接続するサービスの問題です。専用ネットワーク接続となっているので、cのAWS VPNではなく、bのAWS Direct Connectが正解になります。

　aのAWS CloudHSMは、クラウドベースのハードウェアセキュリティモジュール（HSM、hardware security module）を使用し、暗号化キーを厳重に管理できるサービスです。

　dのAmazon ConnectはAWS上でコールセンターの構築が可能になるサービスです。

◉ 問題20

> DDoS攻撃に対する緩和策の機能を持つサービスは、次のうちどれになりますか（2つ選択）。
>
> a. AWS WAF
> b. Amazon DynamoDB
> c. AWS Certificate Manager
> d. Amazon Inspector
> e. Amazon CloudFront

【解答】a、e

【参照】第6章　Well Architectedフレームワーク：セキュリティ

　正解は、aのAWS WAFと、eのAmazon CloudFrontになります。

　DDoS攻撃対策としては、この設問の選択肢にはないものですが、AWS Shield
というサービスがあります。DDoS攻撃の緩和策としてはWAFとCloudFrontの役
割は大きく、AWS Shieldとともに機能します。WAFは攻撃先のIPを特定して拒
否するなどの緩和策が打てます。CloudFrontはオリジンサーバーに直接攻撃がな
いように緩衝することが可能です。

　なお、Amazon DynamoDBは高性能なNoSQLデータベースサービスであり、
AWS Certificate ManagerはSSL/TLS証明書の管理発行サービス、Amazon
Inspectorはアプリケーションのセキュリティ評価サービスです。

10

⊙ 問題21

AWS提供のセキュリティサービスは次のうち、どれですか（2つ選択）。

a. MFAの物理デバイス。
b. データ蓄積時とデータ転送時の暗号化。
c. データセンターへの侵入者検出サービス。
d. 著作権保護コンテンツの検出。
e. AWS Trusted Advisorでのベストプラクティスとの比較チェック。

【解答】b、e
【参照】第6章　Well Architectedフレームワーク：セキュリティ

　AWS Trusted Advisorは、AWSのベストプラクティスとして推奨される項目（セキュリティチェックも含む）をチェックするサービスです。またAWSでは、S3、RDS等でのデータ保管に関する暗号化や、データ転送時の暗号化もサポートしています。このため、正解はbとeになります。
　その他の項目については、AWSの提供サービスではありません。

◉問題22

　ある企業では複数のアカウントを保持しようとしています。またAWSのアクセスポリシーは集中管理を計画しています。この要件を満たすAWSサービスはどれですか。

a. AWS Service Catalog
b. AWS Config
c. AWS Well-Architected Tool
d. AWS Organizations

【解答】d
【参照】第6章　Well Architectedフレームワーク：セキュリティ

　aのAWS Service CatalogはCloudFormationテンプレートのまとまりで、ユーザーに使用が承認されたAWSサービスをカタログとして定義することができるものです。これにより、ユーザーは許可されたITサービスのみ使用しデプロイできるため、そのユーザー企業のガバナンスを実現することができます。ITサービスには、仮想マシンイメージ、サーバー、ソフトウェア、データベース、アプリケーションアーキテクチャなどが含まれます。このようにAWS Service Catalogはガバナンスとして管理活用できますが、アクセスポリシーの集中管理ではありません。

　bのAWS Configは、AWSのシステムを変更した時の変更内容を監査できるサービスです。このため、これもアクセスポリシーの管理目的ではありません。

　cのAWS Well-Architected ToolはAWSのベストプラクティスをまとめたもので、質問形式でチェックができるものになっています。そのため、これも違います。

　最後のdのAWS Organizationsは複数アカウントに対する集中的なガバナンスを提供するものであり、正解になります。AWS Organizationsでは、サービスコントロールポリシー（SCP）を適用することで、設問の用件を満たすことが可能になります。

10

◉ 問題23

> AWSリソースに対する設定などの変更内容を監査したり、監視したりするには、どのAWSサービスを使用すればよいですか。
>
> a. AWS Shield
> b. Amazon GaurdDuty
> c. Amazon Inspector
> d. AWS Config

【解答】d
【参照】第6章　Well Architectedフレームワーク：セキュリティ

　aのAWS ShieldはDDoS対策サービスです。変更内容の監査はできません。

　bのAmazon GaurdDutyは、悪意のある操作や不正な動作をモニタリングしてセキュリティ上の脅威を検出するサービスです。そのため違います。

　cのAmazon Inspectorは、AWSにデプロイしたアプリケーションのセキュリティを評価するサービスで、アプリケーションの脆弱性やベストプラクティスからの逸脱などを確認できます。そのため、これも違います。

　dのAWS Configは、AWSリソースの設定に対して、モニタリングし、記録することができるサービスです。Configにより、詳細なリソース設定履歴を追跡することができるため、コンプライアンスの監査、セキュリティ分析、変更管理、運用トラブルを確認できます。そのため、これが正解となります。

◉ 問題24

　自動インライン攻撃を緩和できる機能と常時検出する機能を用いて、分散型サービス妨害攻撃を防御するには、次のどのサービスを使用すればよいですか。

a. Amazon Inspector

b. AWS WAF

c. Amazon Macie

d. AWS Shield

【解答】d

【参照】第6章　Well Architectedフレームワーク：セキュリティ

　AWS ShieldはDDoS攻撃からアプリケーションを守るためのマネージドサービスです。スタンダードとアドバンストの2つがあります。スタンダードは追加料金なしで利用でき、ネットワークレイヤーやトランスポートレイヤーといったインフラストラクチャへのDDoS攻撃を防御します。アドバンストは、アプリケーションを標的とした攻撃に対する高レベルな保護に利用でき、大規模で高度なDDoS攻撃への対策が、ほぼリアルタイムで可能になります。

　このようにAWS Shieldには、常時検出機能と自動インライン攻撃緩和機能とあるため、AWS Shieldが正解です。これらの2つの機能により、アプリケーションのダウンタイムとレイテンシーを最小限に抑えることができます。

　AWS WAFもAWS Shieldと連携して、DDoS緩和を提供しますが、この2つの機能はShieldが提供しているものです。

　aのAmazon Inspectorはアプリケーションのセキュリティ評価サービスであり、cのAmazon Macieは個人情報確認のサービスであるため、機能が異なります。

◉ 問題25

システム管理者によるインフラストラクチャのデプロイにあたり、安全かつ簡易に実施したいと考えています。そうしたデプロイを可能とするのは、次のうちどのサービスになりますか。

a. AWS CodeDeploy
b. AWS Config
c. Amazon CloudFront
d. AWS CloudFormation

【解答】d
【参照】第4章　AWSの主要サービス

aのAWS CodeDeployはアプリケーションコードのデプロイを自動化するサービスです。

bのAWS Configは、AWSサービスの設定を監査できるサービスで、変更の履歴を追跡できるものです。

cのAmazon CloudFrontはコンテンツ配信ネットワークです。

そのため、これらのサービスはインフラストラクチャのデプロイと直接は関係しません。

正解はdのCloudFormationになります。これはInfrastructure as codeを実現し、インフラストラクチャをコードとしてデプロイできるため、安全かつ簡易なデプロイが可能になるAWSサービスです。

◉問題26

> ウェブアプリケーションのデプロイと管理を自動化させることを考えています。どのAWSサービスを使用するとよいでしょうか。2つ選択してください。
>
> a. AWS Elastic Beanstalk
> b. AWS CodeCommit
> c. AWS Data Pipeline
> d. AWS CloudFormation
> e. AWS CloudWatch

【解答】a、b

【参照】第5章　Well Architectedフレームワーク：優れた運用効率

　ウェブアプリケーションのデプロイ、管理、自動化については、選択肢の中では、aのAWS Elastic Beanstalkと、bのAWS CodeCommitが正解になります。AWS Elastic Beanstalkは、ウェブアプリケーション向けのデプロイとスケーリングの自動化のためのサービスです。AWS CodeCommitはGitベースのソース管理サービスです。

　その他のサービスは、ウェブアプリケーションのデプロイと直接は関係しません。

◉ 問題27

> 　ある企業では、静的ウェブサイトにおいて、低レイテンシーを実現したいと考
> えています。S3にウェブサイトはありますが、どのサービスがよいですか。
>
> a. Amazon Route53
> b. AWS Lambda
> b.　Amazon DynamoDB Accelerator
> d.　Amazon CloudFront

【解答】d

【参照】第4章　AWSの主要サービス

　aのAmazon Route53は、AWS提供のDNSサービスです。

　bのAWS Lambdaは、関数を実行できるコンピューティングサービスです。

　cのAmazon DynamoDB AcceleratorはDAXと呼ばれ、DynamoDBのフロン
トに配置するキャッシュサービスです。

　このため、静的ウェブサイトのアクセスに対するレイテンシー低減という点では、
dのCloudFrontというコンテンツ配信ネットワークがサービスとして適切です。この
場合、S3をオリジンとして配置し、S3のフロントとして、エッジロケーションにある
CloudFrontを利用し、エンドユーザーからのアクセスを受けるような利用形態にな
ります。

◉ 問題28

次のAWSサービスのうち、リージョンではなくエッジロケーションに配置して使用されるサービスはどれですか（2つ選択）。

a. Amazon CloudFront

b. AWS Shield

c. Amazon EC2

d. Amazon DynamoDB

e. Amazon ElastiCache

【解答】a、b

【参照】第2章　クラウドの概念

　この中のサービスでは、aのCloudFrontと、bのShieldになります。CloudFrontはコンテンツ配信ネットワークであり、ShieldはDDoS攻撃対策のサービスです。両者ともエッジロケーションに配置されサービスします。

10

◉ 問題29

AWSリージョンの中にあるサービスで、低レイテンシーネットワークで相互接続されている複数の独立した場所は何でしょうか。

a. エッジロケーション
b. アベイラビリティゾーン
c. AWS Direct Connect
d. Amazon VPC

【解答】b
【参照】第2章　クラウドの概念

この設問では、AWSリージョンの中にあるサービスとあるため、aのエッジロケーションは違います。

cのAWS Direct ConnectはAWSとデータセンター間の専用線サービスです。またdのAmazon VPCは、AWS上にプライベートネットワークを構築するものです。これらは複数の独立した場所という点で違います。

正解はbのアベイラビリティゾーンになります。リージョンの中にあり、複数の独立した場所で構成されているもので、低レイテンシーネットワークで相互接続されています。

◉ 問題30

現在、オンプレミスアプリケーションでNFSといった標準のファイルストレージプロトコルを使用しています。このオンプレミスのアプリケーションがAWS上のストレージを簡単に使用できるようにしたい場合、どのストレージサービスを使用すればよいですか。

a. AWS Storage Gateway
b. AWS Direct Connect
c. AWS Snowmobile
d. AWS Snowball Edge

【解答】a
【参照】第4章　AWSの主要サービス

　正解は、aのAWS Storage Gatewayです。これはオンプレミスからのストレージソリューションとして活用でき、ハイブリッドクラウドストレージを実現することができます。バックアップ目的でのオンプレミスからAWSクラウドへの保存先の移行や、ファイル共有をAWS上でシームレスに行うことで、オンプレミスのストレージの削減などが可能になります。

　bのAWS Direct Connectは専用線接続サービスです。

　cのAWS SnowmobileおよびdのAWS Snowball Edgeは大規模なデータ移行やエッジコンピューティングができる物理デバイスです。

10

◉ 問題31

オンプレミスからAWSに、セキュアかつ高速に、データ移行したいと考えています。またデータ量は、エクサバイト規模あります。そのため、費用対効果も考慮したデータ移行を検討しています。この要件にあった適切なサービスはどれですか。

a. AWS Batch
b. AWS Snowball
c. AWS Migration Hub
d. AWS Snowmobile

【解答】d
【参照】第4章　AWSの主要サービス

Snowballファミリーは、大規模なデータの移行およびエッジコンピューティングをサポートする物理デバイスです。この中で、エクサバイトという非常に大規模なデータの移行を考えると、正解は、dのAWS Snowmobileになります。

aのAWS Batchは、バッチ処理のコンピューティングサービスです。

またcのAWS Migration Hubはアプリケーション移行の進行状況を管理するものです。

◉ 問題32

> Amazon Rekognitionによって、どのようなことが実現できますか。
>
> a. メールの文章の内容を機械的に理解し分類できる。
> b. 画像内の物体や人物を認識する。
> c. チャットボットを作成できる。
> d. テキストを多言語に翻訳できる。

【解答】b

【参照】第12章　AWSサービス用語集

aはAmazon Comprehendの機能です。メールやツイートの文章を判別し、分類することができます。

bは画像認識の機能で、Amazon Rekognitionで提供しているため、設問の正解になります。

cはAmazon Lexの機能です。チャットボットなどを作成可能です。

dはAmazon Translateという機械翻訳の機能になります。

10

◉ 問題33

Amazon EC2 Auto Scalingグループによって、ウェブアプリケーションの高可用性が実現できます。具体的にはどのようにやりますか。

a. 複数のAWSリージョンをまたがってインスタンスを自動的に追加できる。
b. 複数のアベイラビリティゾーンでインスタンスの追加や移動ができる。
c. 静的コンテンツをエンドユーザーの近くの低レイテンシーな場所に配置できる。
d. 受信リクエストを一連のウェブサーバーに分散できる。

【解答】b
【参照】第7章　Well Architectedフレームワーク：信頼性

　EC2 Auto Scalingグループは、リージョンではなく、複数のアベイラビリティゾーンでの対応になるため、bが正解になります。一方のアベイラビリティゾーンの障害時も、もう一方のアベイラビリティゾーンで稼働することにより、高可用性を実現するものです。

　cは高可用性の点の説明ではなく、グローバルリーチの点を述べているもので、Amazon CloudFrontによりサービスされます。

　dはパフォーマンス効率の負荷分散のことを示しています。

◉問題34

> セキュリティのベストプラクティスに対してリアルタイムなガイドを提供できる
> サービスはどれでしょうか。
>
> a. AWS X-Ray
> b. Amazon Directory Service
> c. AWS Systems Manager
> d. AWS Trusted Advisor

【解答】d

【参照】第6章　Well Architectedフレームワーク：セキュリティ

　aのAWS X-Rayはアプリケーションのデバッグ用のサービスです。

　bのAmazon Directory ServiceはAWSでのActive DirectoryのSaaSサービスです。

　cのAWS Systems Managerは、AWSのリソースをグループ化して可視化できるサービスです。

　AWSにおけるセキュリティのベストプラクティスをチェックしてガイドするサービスはAWS Trusted Advisorになりますので、dが正解です。

10

◉ 問題35

> あるお客様はAWSで、新規ワークロードのカスタムでの設計を計画しています。こうした際に、次のAWSプログラムのうち、役立つサービスはどれでしょうか。
>
> a. AWSパートナーネットワークのテクノロジーパートナー
> b. AWSパートナーネットワークのコンサルティングパートナー
> c. AWS Marketplace
> d. AWS Service Catalog

【解答】b
【参照】第4章　AWSの主要サービス

　cのAWS Marketplaceは、サードパーティのソフトウェア、データ、およびサービスを簡単に使用できるデジタルカタログです。AWS Marketplaceの中にはセキュリティ、ネットワーク、ストレージ、機械学習、ビジネスインテリジェンス、データベース、DevOpsなど非常に多くのソフトウェアが出品されています。

　dのAWS Service Catalogは、その企業独自のコンプライアンス要件を管理できるCloudFormationテンプレートのまとまりです。Service Catalogを使うことで、コンプライアンス要件を満たしたリソース（仮想マシンイメージ、サーバー、ソフトウェア、データベース、アプリケーションアーキテクチャ）のプロビジョニングができます。

　AWSのパートナーネットワークは、AWSのパートナー企業の集まりです。その中で、aのテクノロジーパートナーはMarketplaceやSaaSとしてソフトウェアを提供する企業です。そしてbのコンサルティングパートナーは、お客様の要件に即した設計、構築のサービスを提供する企業です。

　設問では、新規のワークロードのカスタム設計となっていますので、AWSパートナーネットワークのコンサルティングパートナーのbが正解です。

⊙ 問題36

　ある企業のシステムでは1年間24時間365日稼働し続けるワークロードを
AWS上のサーバーで計画しています。コスト効率の一番よいEC2の購入オプ
ションは、次のうちどれですか。

a. スポットインスタンス
b. オンデマンドインスタンス
c. 専用ホスト
d. リザーブドインスタンス

【解答】d
【参照】第9章　Well Architectedフレームワーク：コスト最適化

　1年間24時間365日稼働し続けるのであれば、まとめ買いになるようなリザーブ
ドインスタンスがもっとも効率的ですので、dのリザーブドインスタンスが正解です。
　aのスポットインスタンスは、アプリケーションが中断になる可能性があるものの、
オークションで低価格で入札でき利用できるインスタンスです。
　bのオンデマンドインスタンスは、従量課金で利用できる標準的なクラウド上の仮
想サーバーです。ただ、いつでも起動、停止できるなど、ユーザーが自由に管理でき
るインスタンスですので、時間あたりの単価は他の購入オプションよりは高くなりま
す。
　cの専用ホストはコア単位等の料金がある独自なソフトウェアライセンスを持ち込
む時に、コスト効率が得られるものです。

10

◉ 問題37

クラウドとしての料金モデルに合致するものは次のうちどれですか（2つ選択）。

a. コロケーション
b. 期間設定
c. 従量課金
d. 予約済み
e. 変動費

【解答】c、e
【参照】第2章　クラウドの概念

cの従量課金とeの変動費はクラウドの料金モデルの特徴です。

◉ 問題38

> アカウントでのサービス利用料が、指定した予算額に近づいた時にアラートを通知するためには、次のどのAWSサービスを使用すればよいですか。
>
> a. AWS Cost and Usage Report
> b. AWS Budgets
> c. AWS Cost Explorer
> d. AWS Trusted Advisor

【解答】b
【参照】第9章　Well Architectedフレームワーク：コスト最適化

　aのAWS Cost and Usage Reportは、AWSのコストおよび使用状況について包括的なデータを提供するものです。様々な観点での料金の明細書という位置づけで、CSVデータとしてS3に保管されるものです。

　cのAWS Cost Explorerは、そうしたコスト使用状況を時系列でわかりやすくグラフで表示するサービスで、分析や今後の予測を行えるものです。

　dのAWS Trusted Advisorは、AWSのベストプラクティスに対しての逸脱の有無についてチェックしてくれるツールです。

　AWS Budgetsは、あらかじめ予算を設定して、コストまたは使用量が予算額や予算量を超えた時（超えると予測された時）にアラートを発信できるサービスですので、正解はbのAWS Budgetsです。

● 問題39

年度末に1回実施される24時間実行されるプログラムジョブがあります。もっとも費用対効果の高い購入オプションはどれですか。なお途中で中断不可能です。

a. オンデマンドインスタンス
b. リザーブドインスタンス
c. スポットインスタンス
d. Savings Plans

【解答】a
【参照】第9章　Well Architectedフレームワーク：コスト最適化

24時間実施されるが年1回しか実施されないものなので、bのリザーブドインスタンスとして、1年分を購入するのは高くなります。

またcのスポットインスタンスは、途中で中断してしまう場合があります。

dのSavings Plansも1年もしくは3年の期間で、1時間あたりの一定の使用量をコミットする契約であるので高くなります。

つまり、通常の従量課金であるオンデマンドインスタンスがもっとも費用対効果が高い購入オプションになるため、aが正解です。

⦿問題40

> 　オンプレミスで利用しているソフトウェアをAWSに持ち込みたいと考えています。そのソフトウェアは物理ホストのコア単位で費用を計算するライセンスであり、それに合わせることでAWSの費用を抑えたいと考えています。どの料金モデルが最適ですか。
>
> a. スポットインスタンス
> b. リザーブドインスタンス
> c. 専用ホスト
> d. オンデマンドインスタンス

【解答】c
【参照】第9章　Well Architectedフレームワーク：コスト最適化

　aのスポットインスタンスは、未使用のEC2インスタンスをAWS上のオークションでリクエストして、使うものです。

　bのリザーブドインスタンスは、1年もしくは3年の期間のまとめ買いにより、EC2コストを削減するものです。

　dのオンデマンドインスタンスは、起動するインスタンスに対して秒単位で課金される標準の従量課金のオプションです。

　この設問では物理ホストのコア単位とあるので、cの専用ホストが正解になります。ソケット単位、コア単位、VM単位のソフトウェアライセンスを持ち込んでコストを削減するためには、インスタンスの実行専用の物理ホストを用意できる専用ホストが有効だからです。

◉ 問題41

> AWSが管理する、事前構成済みのサードパーティ製ソフトウェアのデジタル
> カタログは次のうちどれですか。
>
> a. AWSサポート
> b. AWS Service Catalog
> c. AWS Marketplace
> d. AWS Config

【解答】c
【参照】第3章　AWSの特徴と主要AWSサービス

　事前構成済みのサードパーティ製ソフトウェアを扱っているデジタルカタログは、
cのAWS Marketplaceになります。
　その他は違うサービスです。

◉ 問題42

> 　ある企業は、オンプレミスのデータセンターから、AWSへの移行を検討しています。この際に、総所有コスト（TCO）の分析が必要になりました。オンプレミスでのTCOに含まれる項目は次のうちどれがありますか（2つ選択）。
>
> a. データセンターの電力消費量。
> b. ハードウェア保守に関する人件費。
> c. アプリケーションの開発期間。
> d. データベースへデータ保存する際の暗号化。
> e. Amazon EC2インスタンスのセキュリティ。

【解答】a、b
【参照】 第9章　Well Architectedフレームワーク：コスト最適化

　オンプレミスのデータセンターを維持運用するための総コストには、データセンターの電力消費量や、ハードウェア保守に関する人件費が含まれます。そのため、aとbが答えになります。

◉ 問題 43

複数のAWSアカウント間でリザーブドインスタンスを共有するためには、どのようにすればよいですか。

a. Amazon EC2のリザーブドインスタンス使用状況レポートの使用。
b. AWSアカウント間インスタンス使用状況レポートの利用。
c. AWSアカウント間でのAWS Cost Explorerの使用。
d. AWS Organizationsの一括請求機能の使用。

【解答】d
【参照】第9章　Well Architectedフレームワーク：コスト最適化

AWS Organizationsの一括請求機能によって、組織にある複数のアカウントが1つのアカウントとして扱われることになります。これにより、組織内のそれぞれのアカウントは、他のアカウントが購入したリザーブドインスタンスの時間単位のコストメリットを享受できることになります。

つまり、正解はdになります。

◉ 問題44

請求プロセスの簡素化を検討しています。この企業では、複数のAWSアカウントを保有しています。この要件を満たすには、どのAWSサービスを使用すればよいですか。

a. AWS Cost and Usage Report
b. AWS Budgets
c. AWS Organizations
d. AWS Cost Explorer

【解答】c
【参照】第9章　Well Architectedフレームワーク：コスト最適化

複数アカウントの一括請求といった場合のサービスは、cのAWS Organizationsの利用が必要であるため、正解はcです。

aのAWS Cost and Usage ReportはAWSサービスの包括的なコストと使用状況のレポートです。

bのAWS BudgetsはAWSサービスの予算を作成し、超過の場合はアラートで知らせるサービスです。

dのAWS Cost ExplorerはAWSサービスの費用状況をグラフで可視化するものです。

10

◉ 問題45

> オンプレミス環境でのウェブアプリケーション運用費と、AWS上でのウェブアプリケーション運用費を比較するには、どのツールを使用すればよいですか。
>
> a. AWS Cost Explorer
> b. AWS Budgets
> c. AWS Cost and Usage Report
> d. AWS Total Cost of Ownership (TCO) Calculator

【解答】d

【参照】第9章　Well Architectedフレームワーク：コスト最適化

　AWSには、複数のコスト関連のサービスがあります。そのため、それぞれのコスト関連のサービスについて違いを理解することが大切です。

　まず、aのAWS Cost Explorerは使用したサービスの利用料が時系列でグラフ化されるツールです。

　bのAWS Budgetsは、あらかじめ定めた予算を超えることが予想される場合にアラートを発行できるサービスです。

　cのAWS Cost and Usage Reportは、使用したサービス利用料の包括的な請求レポートになります。

　オンプレミスでのコストと、AWSのコストを、運用コストも含めた総所有コストの観点から比較するには、最後のAWS Total Cost of Ownership (TCO) Calculatorの利用が適しています。つまり、正解はdになります。

◉ 問題46

オンプレミスのデータセンターと AWS クラウドを AWS Direct Connect で接続しようと計画しています。AWS には一つのリージョンに複数 VPC があり、今後、VPC はさらに拡大が計画されています。VPC の管理を容易にしつつ、今後のスケールに対応するために、使用するべき AWS サービスまたは機能はどれですか。

a. AWS PrivateLink
b. AWS Web Application Firewall
c. AWS Systems Manager
d. AWS Transit Gateway

【解答】d
【参照】第7章　Well Architected フレームワーク：信頼性

AWS Transit Gateway は、多数の VPC やオンプレミスの環境を接続するためのハブとして機能します。複数の VPC を一つの Transit Gateway に接続することで、管理を簡素化することができます。AWS Direct Connect とも統合されているため、オンプレミスとの接続も容易になります。

aの AWS PrivateLink は、VPC エンドポイントサービスを提供し、AWS サービスや VPC エンドポイントサービスへのアクセスをプライベートネットワーク経由で行うものです。

bの AWS Web Application Firewall は、ウェブアプリケーションに対する一般的なウェブ攻撃を検出し、ブロックするためのサービスです。

cの AWS Systems Manager は、AWS リソースの可視化、操作、自動化を提供するサービスです。

10

◉ 問題47

AWS Well Architectedフレームワークの柱のうち、インフラ基盤の障害や、アプリケーションやサービスのダウンから復旧し、利用者の需要に応じてコンピューティングリソースをスケールできるシステム能力について示しているものはどれですか。

a. 信頼性
b. セキュリティ
c. オペレーションの優秀性
d. コスト最適化

【解答】a
【参照】第11章　AWSアーキテクチャ原則とベストプラクティスのまとめ

AWS Well Architectedフレームワークには6つの柱がありますが、その中で「信頼性」の柱は、システムの障害からの復旧や急激な利用者の需要変動に対してシステムがどれだけ頑強に応じるか、という側面を扱っています。具体的には、障害からの回復、バックアップ、マルチAZ、フォールオーバー手法などがこの柱の考慮点として挙げられます。

bのセキュリティは、情報の保護、特権の管理、インフラの保護、データの保護、インシデント対応という側面を扱います。

cのオペレーションの優秀性は、運用手順の自動化や変更管理の手法を考慮します。

dのコスト最適化は、コストを最適に保ちつつ、最も価値ある方法でシステムを動作させる方法を示します。

⦿ 問題 48

現在、新製品発表に伴うビジネス上の要件から、新たなローンチ計画を立案し、評価することで、発表時の運用リスクを軽減したいと考えています。こうしたプロアクティブなサービスを追加料金なしで受けるためのAWSサポートプランはどれですか。

a. AWSエンタープライズサポート
b. AWSビジネスサポート
c. AWS開発者サポート
d. AWSベーシックサポート

【解答】a
【参照】第4章AWSの主要サービス

AWSサポートブランの中で、プロアクティブなサポートが最も充実しているのは「AWSエンタープライズサポート」です。エンタープライズサポートのユーザーは、専任のTechnical Account Manager（TAM）を割り当てられ、TAMを通じてインフラストラクチャの最適化やローンチサポート、新製品発表などのビジネス要件への対応などのプロアクティブなサポートを追加料金なしで受けることができます。

bのAWSビジネスサポートは、24時間年中無休の電話と電子メールサポートが提供され、一般的な問題の解決や専門家からのサポートを受けることができますが、エンタープライズサポートほどのプロアクティブなサポートは提供されません。

cのAWS開発者サポートは、開発者を対象とした基本的なサポートプランで、ビジネスやエンタープライズのような広範なサポートは提供されません。

dのAWSベーシックサポートは、無料で提供されるサポートプランであり、限定的なサポートリソースへのアクセスが可能です。

10

◉ 問題49

分析用のデータを抽出、変換、ロード（ETL）するサーバーレスなデータ統合サービスはどれですか。

a. Amazon Athena

b. Amazon QuickSight

c. AWS Glue

d. Amazon Aurora

【解答】c

【参照】第7章　Well Architectedフレームワーク：信頼性

AWS Glueは、サーバーレスのデータ統合サービスであり、ETL（抽出、変換、ロード）タスクを自動で行うことができます。AWS Glueを使用することで、データの前処理やデータソース間のデータ移動などのETLジョブを簡単に作成・管理・実行することができます。

aのAmazon Athenaは、サーバーレスのインタラクティブなクエリサービスで、S3上のデータをSQLを使って直接分析できますが、ETL機能は主な目的ではありません。

bのAmazon QuickSightは、ビジネスインテリジェンス（BI）サービスで、データの可視化やダッシュボードの作成が主な機能です。

dのAmazon Auroraは、高パフォーマンスのリレーショナルデータベースサービスですが、ETL機能は主な目的ではありません。

⦿問題50

パブリックなネットワークではなく、AWSの保有しているネットワークを介してトラフィックを送信することにより、ネットワークのパフォーマンスを向上させるAWSサービスや機能はどれですか。

a. Amazon CloudFront
b. Amazon VPN
c. Amazon VPC
d. AWS Global Accelerator

【解答】d
【参照】第8章　Well Architectedフレームワーク：パフォーマンス効率

AWS Global Acceleratorは、AWSのグローバルネットワークを使用して、インターネットトラフィックを最適化し、アプリケーションの可用性とパフォーマンスを向上させるサービスです。AWSの広大なネットワークインフラを活用して、トラフィックを最適なパスで転送することで、パブリックインターネット上の一般的なボトルネックや遅延からトラフィックを保護します。

aのAmazon CloudFrontは、コンテンツ配信ネットワーク（CDN）サービスですが、AWSのネットワークを介してトラフィックを最適化するのは主な目的ではありません。

bのAmazon VPNは、オンプレミスネットワークとAmazon VPC間の安全な接続を提供するサービスです。

cのAmazon VPCは、AWSクラウド上に仮想的なプライベートネットワーク環境を提供するサービスです。

◉ 問題51

eコマースアプリケーション上でメッセージを相互に送信できる必要がありま
す。メッセージはキューを介して非同期にやり取りできるようにします。こうした
要件を満たすAWSサービスはどれですか。

a. Amazon Kinesis Data Streams
b. Amazon Simple Email Service（SES）
c. Amazon Simple Notification Service（Amazon SNS）
d. Amazon Simple Queue Service（Amazon SQS）

【解答】d
【参照】第7章　Well Architected フレームワーク：信頼性

Amazon SQSは、分散メッセージキューイングサービスです。アプリケーション
間でメッセージを非同期に送受信するのに適しています。これにより、異なるコン
ポーネントやサービス間でメッセージを一貫性を持って交換することができます。

aのAmazon Kinesis Data Streamsは、リアルタイムのビッグデータストリーミン
グサービスです。メッセージキューイングとは異なる目的で使用されます。

bのAmazon Simple Email Service（SES）は、Eメールを送受信するための
サービスです。

cのAmazon Simple Notification Service（Amazon SNS）は、トピックベース
のメッセージングサービスで、複数のサブスクライバーに対して一斉通知する場面
に適しています。

⊙ 問題52

> Amazon S3上のデータ資産の中に機密データが存在するかを広範囲に把握したいと考えています。こうした機密データを自動的に分類するには、どのセキュリティサービスを使用すればよいですか。
>
> a. Amazon Inspector
> b. Amazon GuardDuty
> c. Amazon Macie
> d. Amazon Detective

【解答】c
【参照】第6章　Well Architectedフレームワーク：セキュリティ

　Amazon Macieは、AWSに保存されているデータを分析して、機密情報や個人識別情報（PII）を自動的に識別・分類するセキュリティサービスです。Amazon S3のバケットやオブジェクトに保存されているデータの内容をスキャンし、機密性のあるデータを見つけるのに役立ちます。

　aのAmazon Inspectorは、アプリケーションの脆弱性やセキュリティ上の違反を検出するサービスです。

　bのAmazon GuardDutyは、AWSアカウントやワークロードに関する脅威を検出するセキュリティ監視サービスです。

　dのAmazon Detectiveは、セキュリティインシデントの調査をサポートするサービスで、関連するログ情報やデータをビジュアライズします。

◉ 問題53

ウェブブラウザを介して、AWSマネジメントコンソールから直接アクセスして、コマンドラインを実行できるAWSサービスはどれですか。

a. AWS CloudShell
b. AWS CloudHSM
c. Amazon WorkSpaces
d. Amazon AppStream 2.0

【解答】a
【参照】第5章　Well Architected フレームワーク：優れた運用効率

AWS CloudShellは、ウェブブラウザを介してAWSマネジメントコンソールから直接アクセスできるコマンドラインインターフェース環境を提供するサービスです。このサービスを使用すると、AWS CLIコマンドを実行したり、スクリプトを動かしたりすることができます。

bのAWS CloudHSMは、ハードウェアセキュリティモジュールをクラウドで提供するサービスです。

cのAmazon WorkSpacesは、デスクトップ仮想化サービスです。ユーザーが仮想デスクトップにアクセスすることができます。

dのAmazon AppStream 2.0は、アプリケーションのストリーミングサービスです。ユーザーがウェブブラウザを通じてアプリケーションにアクセスすることができます。

◉ 問題54

> ある企業が、オンプレミスのアプリケーションのAWSクラウドへの移行を計画しています。これらの移行計画を適切に分析、評価するために利用するべき、AWSツールまたはリソースはどれですか。
>
> a. AWSクラウド導入フレームワーク（AWS CAF）
> b. AWS Well-Architected フレームワーク
> c. AWS Cost and Usage Report
> d. AWS Cost Explorer

【解答】a
【参照】第4章　AWSの主要サービス

　AWSクラウド導入フレームワーク（AWS CAF）は、クラウド導入を進めるための指導原則と実践的な手順を提供するフレームワークです。このフレームワークは、オンプレミス環境からAWSクラウドへの移行や新規導入プロジェクトの実行をサポートします。

　bのAWS Well-Architectedフレームワークは、AWS上でのベストプラクティスとアーキテクチャ設計をサポートするフレームワークです。

　cのAWS Cost and Usage Reportは、AWSの使用量やコストに関する詳細な情報を提供するレポートです。

　dのAWS Cost Explorerは、AWSのコストと使用量に関するビジュアルな分析を提供するツールです。

　移行の計画と評価に関しては、AWS CAFが最も適切なリソースです。

◉ 問題55

> VPCのネットワークインターフェースとの間で行き来するIPトラフィックに関するログ情報をキャプチャするAWSサービスまたは機能はどれですか。
>
> a. Amazon CloudWatch Logs
> b. Amazon Detective
> c. Aws CloudTrail
> d. VPCフローログ

【解答】d

【参照】第5章　Well Architectedフレームワーク：優れた運用効率

　VPCフローログは、Amazon VPCのネットワークインターフェースとの間で行き来するインバウンド／アウトバウンドのIPトラフィックに関するログ情報をキャプチャできる機能です。これにより、トラフィックの送信元や宛先、転送の成功・失敗などの情報を確認することができます。

　aのAmazon CloudWatch Logsは、AWSリソースのモニタリングとログの保存に使用されますが、特定のVPCのトラフィックをキャプチャするための機能ではありません。

　bのAmazon Detectiveは、セキュリティの調査と分析を容易にするサービスです。

　cのAWS CloudTrailは、AWSアカウント内のアクションログを記録するサービスで、APIの使用状況をトラックするためのものです。

　したがって、VPCのネットワークインターフェースのIPトラフィックのログ情報をキャプチャするために最も適切なのはVPCフローログです。

● 問題56

アプリケーション間で共通に使用する認証情報を管理し、そのローテーションをセキュアに自動化したいと考えています。また容易な管理が求められています。このために使用できる最も適切なAWSサービスまたは機能はどれですか。

a. AWS CloudHSM
b. AWS Key Management Service (AWS KMS)
c. AWS Systems Manager
d. AWS Secrets Manager

【解答】d
【参照】第6章　Well Architectedフレームワーク：セキュリティ

　AWS Secrets Managerは、シークレット（例えばデータベースのパスワードやAPIキー）を安全に保存、検索、ローテーションするためのサービスです。このサービスは、シークレットの自動ローテーション機能を提供しています。ローテーションの自動化や中央管理が容易であり、共通の認証情報の管理に適しています。

　aのAWS CloudHSMは、ハードウェアセキュリティモジュールをクラウド内で実行するためのサービスです。これは暗号鍵の生成、保管、および管理に特化しています。

　bのAWS Key Management Service（AWS KMS）は、暗号鍵の生成と管理を容易にするサービスですが、認証情報のローテーションや中央管理に特化しているわけではありません。

　cのAWS Systems Managerは、オペレーションデータの表示やAWSリソースの自動化に役立つサービスです。直接の認証情報の管理には最適ではありません。

10

◉ 問題57

> この企業では、SAML対応のクラウドアプリケーション（Salesforce、Microsoft 365、Boxなど）に、社員のアクセス権の割り当てと管理を、一ヶ所のポータルから実施したいと考えています。要件を満たすAWSサービスはどれですか。
>
> a. AWS Identity and Access Management（IAM）
> b. AWS IAMアイデンティティセンター（AWS Single Sign-On）
> c. Amazon Cognito
> d. AWS Control Tower

【解答】b
【参照】第4章　AWSの主要サービス

AWS IAMアイデンティティセンター（AWS Single Sign-On）は、ユーザーに対して一度のログインで多くのAWSアカウントやクラウドアプリケーションにアクセスできる機能を提供するサービスです。SAML 2.0との互換性があり、SAML対応のクラウドアプリケーションへのセントラルなアクセスポイントとして機能します。このため、ユーザーはAWS SSOのセントラルなユーザーポータルから、許可されているクラウドアプリケーションにアクセスすることができます。

aのAWS Identity and Access Management（IAM）は、AWSリソースへのアクセスを管理するためのサービスですが、SAML対応のクラウドアプリケーションの一元的なアクセス管理には特化していません。

cのAmazon Cognitoは、モバイルアプリやWebアプリのユーザー認証と認可を提供するサービスです。

dのAWS Control Towerは、複数のAWSアカウントと環境をセキュアにセットアップおよび管理するためのサービスです。

● 問題58

Amazon EC2インスタンスで実行するアプリケーションがあり、アプリケーションは中断不可能です。またコンピューティングリソースの使用量は今後、数年にわたり増加し続ける予想があります。これらの要件から最もコスト効率の良いインスタンス購入モデルはどれですか。

a. オンデマンドインスタンス
b. スポットインスタンス
c. 専用ホスト
d. Savings Plans

【解答】d
【参照】第9章　Well Architectedフレームワーク：コスト最適化

aのオンデマンドインスタンスは、事前のコミットメントなしに、時間単位での料金を支払うことができます。短期・中断可能なワークロードに適していますが、長期使用の場合、他のオプションと比較してコストが高くなることがあります。

bのスポットインスタンスは、AWSが余剰で持っている容量を割引価格で利用することができますが、利用中のインスタンスはAWSの要求により予告なく終了する可能性があります。このため、中断が許容されるワークロードに適しています。

cの専用ホストは、物理的なEC2サーバーを専有することができるモデルです。ライセンス要件や規制準拠のために物理的なサーバの専有が必要な場合に使用します。

dのSavings Plansは、一定の時間単位での使用量をコミットすることで、オンデマンド料金よりも大幅に割引された料金を得ることができるプランです。使用量が一定で、数年間にわたる長期使用が予想される場合には、このオプションが最もコスト効率が良いとされています。

問題の要件を考慮すると、アプリケーションは中断が許容されず、使用量は数年間増加する予想があるため、Savings Plansが最も適切です。

◉ 問題59

この企業では、Amazon EC2インスタンスからのログデータを元に、機械学習機能を使用し、効率的な原因分析を計画しています。どのAWSサービスを使用するのが適切ですか。

a. Amazon GuardDuty
b. Amazon Inspector
c. Amazon Macie
d. Amazon Detective

【解答】d
【参照】第6章　Well Architectedフレームワーク：セキュリティ

aのAmazon GuardDutyは、脅威検出サービスであり、AWSアカウントやワークロードを監視して不正な活動や悪意のある行為を検出します。

bのAmazon Inspectorは、セキュリティ脆弱性やセキュリティベストプラクティスの違反を自動的に探すサービスです。Amazon EC2インスタンスのセキュリティアセスメントを行います。

cのAmazon Macieは、データのプライバシーを保護するためのサービスです。機密情報を検出し、データアクセスの異常やリスクを警告します。

dのAmazon Detectiveは、セキュリティの問題を迅速に解析するためのものです。ログデータを使用して、セキュリティのインシデントの原因や関連する活動の詳細を調査し、視覚化する機能を提供します。機械学習を使用してデータを分析し、効率的な原因分析を可能にします。

このシナリオでは、機械学習機能を使用して、EC2インスタンスのログデータからの効率的な原因分析を計画しているため、Amazon Detectiveが最も適切です。

◉ 問題60

この企業では、AWSのさまざまなリソース（コンピューティングリソース、ストレージリソース、データベースリソース）に対して、AWSサービス全体で一元的なデータ保護を実施したいと考えています。この要件を満たすAWSサービスはどれですか。

a. AWS Batch
b. AWS Backup
c. AWS Budgets
d. AWS Elastic Disaster Recovery

【解答】b
【参照】第5章　Well Architectedフレームワーク：優れた運用効率

aのAWS Batchは、クラウド上でバッチのワークロードを効率的に実行するサービスです。ジョブのスケジューリングやリソースの最適化を行います。

bのAWS Backupは、AWSのさまざまなリソースに対して一元的なバックアップソリューションを提供します。これにより、Amazon DynamoDBテーブル、Amazon RDSデータベース、Amazon EBSボリューム、Amazon EFSファイルシステムなど、多くのAWSサービスのデータを簡単にバックアップ、復元、および保持することができます。

cのAWS Budgetsは、AWSコストと使用状況に関する予算を作成および管理するためのものです。アラートを設定して、予算超過を監視することもできます。

dのAWS Elastic Disaster Recovery（formerly CloudEndure Disaster Recovery）は、災害復旧ソリューションを提供するサービスです。

このシナリオでは、AWSのさまざまなリソースに対する一元的なデータ保護が必要なので、AWS Backupが最も適しています。

◉ 問題61

この企業では、Amazon EC2インスタンスを利用し、システムを構成しています。ディザスターリカバリーを実現するソリューションとして、利用できるAWSサービスまたは機能はどれですか（2つ選択）。

a. EC2スポットインスタンス
b. EC2 Amazonマシンイメージ（AMI）
c. Amazon EBSスナップショット
d. AWS Lambda
e. AWS ElasticBeanstalk

【解答】b, c
【参照】第5章　Well Architectedフレームワーク：優れた運用効率

　aのEC2スポットインスタンスは、利用可能な余剰のAmazon EC2コンピューティング容量をリアルタイムで入札価格で購入することができる機能です。

　bのEC2 Amazonマシンイメージ（AMI）は、EC2インスタンスを起動するための事前に設定されたテンプレートです。AMIを使用して、短時間で同じ環境のインスタンスを新しく起動することができるため、ディザスターリカバリーソリューションとして利用することができます。

　cのAmazon EBSスナップショットは、EBSボリュームのバックアップを取得する機能です。これを使用して、ボリュームの復元や新しいリージョンへの移動を行うことができるため、ディザスターリカバリーソリューションとして利用することができます。

　dのAWS Lambdaは、サーバーレスコンピューティングサービスで、コードの実行をトリガーすることができますが、ディザスターリカバリーの直接的な目的には適していません。

　eのAWS ElasticBeanstalkは、アプリケーションのデプロイや管理を簡単にするためのサービスです。直接的なディザスターリカバリーソリューションとしては適していません。

● 問題62

　現在、リモートワーク社員に対するWindows仮想デスクトップおよびアプリケーションをセキュアに構築することを計画しています。これらの要件を満たすために使用できるAWSサービスはどれですか（2つ選択）。

a. Amazon Connect
b. Amazon AppStream 2.0
c. Amazon WorkSpaces
d. AWS Fargate
e. AWS Health Dashboard

【解答】b, c
【参照】第6章　Well Architectedフレームワーク：セキュリティ

　aのAmazon Connectは、クラウドベースのコールセンターサービスです。リモートワーク社員のWindows仮想デスクトップやアプリケーションの提供には関係ありません。

　bのAmazon AppStream 2.0は、デスクトップアプリケーションをブラウザからセキュアにストリーミングできるフルマネージドサービスです。ユーザーは任意のデバイスのブラウザからアプリケーションにアクセスおよび使用できます。

　cのAmazon WorkSpacesは、クラウド上で提供されるデスクトップサービスです。リモートワーカーがセキュアな環境でWindowsもしくはLinuxデスクトップを利用するのに適しています。

　dのAWS Fargateは、サーバーレスコンピューティング環境を提供するサービスで、コンテナを実行するためのものです。リモートワークのWindows仮想デスクトップやアプリケーションの提供には関係ありません。

　eのAWS Health Dashboardは、AWSのサービスの健全な状態や障害情報を表示するためのものです。リモートワークの要件とは直接関連していません。

10

◉問題63

> この企業では、アプリケーションの設定データとパスワードを一元管理する
> ストレージを必要としています。最もコスト効率の良い方法で要件を満たすた
> めには、どのAWSサービスまたは機能を選択しますか。
>
> a. Amazon EBS
> b. Amazon S3
> c. AWS Systems Manager Parameter Store
> d. AWS Secrets Manager

【解答】c
【参照】第6章　Well Architectedフレームワーク：セキュリティ

　aのAmazon EBSは、EC2インスタンスのブロックレベルストレージです。アプリ
ケーションの設定データやパスワードを一元管理するのに特化したサービスではあ
りません。

　bのAmazon S3は、オブジェクトストレージサービスです。大量のデータを保存
するのに適していますが、パスワードや設定データのような機密情報を一元管理す
るのに特化しているわけではありません。

　cのAWS Systems Manager Parameter Storeは、システムの設定データやシー
クレットをセキュアに一元管理するためのサービスです。無料枠が用意されており、
低コストでの利用が可能です。キー／バリュー形式でのデータの保存や管理が可能
で、IAMポリシーやKMSキーでの暗号化もサポートしています。

　dのAWS Secrets Managerも、シークレットやデータベース認証情報などのセン
シティブな情報を保存、取得、管理するためのサービスです。シークレットのライフ
サイクル管理や自動ローテーション機能など、高度な機能を持っていますが、コスト
はParameter Storeよりも高いです。

　このシナリオでは「最もコスト効率の良い方法」という要件があるため、無料枠
が提供されているAWS Systems Manager Parameter Storeが適しています。

◉ 問題64

> この企業では、オンプレミスアプリケーションのAWSへのクラウドに移行を
> 検討しています。AWSクラウド導入フレームワーク（AWS CAF）のパースペ
> クティブのうち、クラウドにおける外部からの脅威について対応するためのパー
> スペクティブはどれになりますか。
>
> a. ガバナンス
> b. プラットフォーム
> c. セキュリティ
> d. オペレーション

【解答】c
【参照】第4章　AWSの主要サービス

　AWSクラウド導入フレームワーク（AWS CAF）は、クラウド移行の戦略的な計
画や運用に関するガイダンスを提供するためのフレームワークです。AWS CAFは
複数のパースペクティブ（視点）を持っており、それぞれのパースペクティブはクラ
ウド採用の異なる側面を対象としています。

　aのガバナンスは、企業の組織、プロセス、ポリシー、または技術に関連する課
題やリスクを管理・調整するための視点です。

　bのプラットフォームは、アーキテクチャ、インフラストラクチャ設計、アプリケー
ションの設計など、技術的なアスペクトに焦点を当てた視点です。

　cのセキュリティは、情報、システム、資産の保護に関連する視点です。外部から
の脅威やリスク、セキュリティ上のベストプラクティスやガイダンスに関する内容が含
まれています。

　dのオペレーションは、システムの運用、監視、管理に関連する視点になります。

　このシナリオでは、クラウドにおける外部からの脅威に対応するための視点とし
て、セキュリティパースペクティブが最も適しています。

◉ 問題65

あるAWSユーザーは、AWSのコミュニティに参加して、他のユーザーが質問したこれまでの技術的な質問への回答を検索したり、ベストプラクティスに関する記事を確認したいと考えています。これらを提供する無料のプラットフォームはどれですか。

a. AWS re:Post
b. AWS IQ
c. AWSサポート
d. AWS Trusted Advisor

【解答】a
【参照】第4章　AWSの主要サービス

　aのAWS re:PostはAWSのコミュニティ駆動型のプラットフォームで、ユーザーが技術的な質問を投稿したり、他のユーザーからの質問に答えたりすることができます。また、過去の質問とその回答を検索することも可能です。

　bのAWS IQは、AWSの専門家に直接問い合わせたり、専門家にプロジェクトのサポートを依頼したりするためのサービスです。主に専門家の助けを求める際に利用されます。

　cのAWSサポートは、AWSの公式サポートサービスです。AWSのサポートチームに直接問い合わせたり、サポートケースをオープンしたりすることができます。

　dのAWS Trusted Advisorは、Trusted AdvisorはAWSのリソースの最適化とセキュリティチェックの推奨事項を提供するツールです。AWSのベストプラクティスに基づいたリアルタイムのガイダンスを提供しますが、技術的な質問の回答やユーザーの質問の投稿のプラットフォームとしての機能は持っていません。

AWSアーキテクチャ原則と
ベストプラクティスのまとめ

この章では、AWS Well Architectedフレームワークを元にした、AWSにおける
アーキテクチャ原則とベストプラクティスをまとめています。Well Architectedフ
レームワークには6つの柱がありますが、ここでは主要な5つの柱を取り上げます。

「優れた運用効率」の設計原則

　部屋を掃除しないで、そのままにしていたら埃がたまっていきます。それと同じように、システムも構築後に何も手入れをしなければ、時間の経過にともなって、価値が低下していきます。システムの価値を低下させずに、ビジネスの価値を生み出し続けるためには、メンテナンスや改善といった「運用」が必要です。

　そこで、優れた運用のガイドラインとしてAWSが提示しているのが、AWS Well Architectedフレームワークの5つの柱の1つである「優れた運用効率」です。

　「優れた運用効率」については、次の6つの設計原則があります。AWSで実施すべき優れた運用の方法を、オンプレミスでありがちな従来の方法と比較しながら理解しましょう。

①プログラムコードで運用

　従来は、手作業での運用が中心でした。

　AWSでは、インフラもアプリケーションもプログラムコードで実行することを推奨しています。これにより自動化が可能になります。

②ドキュメントには注釈

　従来は、ドキュメントは手作業で作成されていました。

　AWSでは、更新ごとに注釈を付記したドキュメントを自動作成することを推奨しています。これにより、手作業によるミスを削減できます。

③定期的に小規模リリース

　従来は、早くても半年か年に1回といった長期的サイクルでの大規模な一斉リリースを行い、リリース後は凍結されるのが一般的でした。

　AWSでは、小規模で頻繁なリリースが可能なように設計することを推奨しています。これによって、失敗した場合にはその部分のみ元の状態に戻せるため、変更が容易になります。

④手順の定期的な改善

　従来は、一度作成したら手順は凍結し、その手順を間違えないように運用していくことが一般的でした。

　AWSでは、チームがシステムを理解した上で、常に手順を改善していくことを推奨しています。

⑤障害を予想し積極的に活用

　従来は、障害や変更は避けるべきものとされてきました。

　AWSでは、ゲームデーであえて障害を出すシナリオを実施することを推奨しています。

⑥障害から学習

　従来は、大規模リリースの段階で、できる限りバグをつぶしリリースしていました。

　AWSでは、チームが常に学ぶ姿勢を持ち、運用上の障害からフィードバックを受け学習していくことを推奨しています。

11

「優れた運用効率」には、次の3つの分野のベストプラクティスがあります。

①準備段階

システムの準備段階では、設計原則に従った運用上の仕組みを設計することが必要です。次のAWSサービスを活用することで、自動的な環境構築や、システムのモニタリングの仕組みを実装できます。

- AWS Cloud Formation
- Amazon CloudWatch
- CloudTrail
- VPC フローログ

②運用段階

運用の良し悪しは、ビジネスの成果によって評価されます。そのためビジネスとして予想される成果を定義し、評価基準となるメトリクスを決めておく必要があります。AWSではアプリケーションやAWSから直接収集したメトリクスをダッシュボードビューとして作成できます。

この分野では、次のAWSサービスを活用できます。

- AWS X-Ray
- Amazon CloudWatch
- CloudTrail
- VPC フローログ

③進化段階

アプリケーションやシステムは定期的に評価し、優先順位に従って、デプロイしたり修正したりします（ユーザーからの要望への対応、障害やバグの修正、コンプライアンスへの対応、業界の制度変更への対応など）。そして、運用状況からの

フィードバックを受けて、また改善していくというループを回していきます。

　その際には、得られた教訓（要望や障害等）は共有してチームで学習することが大切です。また、学んだ教訓に見られる傾向を分析し、運用の各メトリクス自体に対しても改善の余地があるかどうかの分析を行う必要があります。

　この分野では、次のAWSサービスを活用できます。

- Amazon Elasticsearch Service（Amazon ES）

Section 11-3

「セキュリティ」の設計原則

AWS Well Architectedフレームワークの「セキュリティ」の柱では、セキュリティのリスク評価およびリスク軽減の戦略の策定、情報、システム、アセットのセキュリティ保護を定義しています。

「セキュリティ」については、次の7つの設計原則があります。

①強力なアイデンティティ基盤の実装

従来は、管理者と利用者に分けたシンプルな認証と権限付与が一般的でした。

AWSでは、最小権限の原則に従い、役割分担の徹底と最低限の権限付与を推奨しています。また、長期認証は避けるべきとされています。

②トレーサビリティの実現

従来は、監査時や事故の時のみ、ログ等をまとめて問題の有無を確認することが一般的でした。

AWSでは、追跡可能性を重視しています。そのために、リアルタイムで監視し、メトリックスを元にアクション可能なサービスが提供されています。

③全レイヤーへのセキュリティの適用

従来は、データセンターの外からのアクセスに対するセキュリティ対策の実施が中心でした。

AWSでは、外部のみならずアプリ、OS、ネットワークに対してもセキュリティ対策を実施する、深層防御を実現可能です。

④セキュリティのベストプラクティスの自動化

従来のセキュリティ対策は、担当者に任せた手動対応が中心でした。

AWSでは、セキュリティ対策は手動ではなく、自動化で対応することを推奨しています。それによってスケールにも対応できます。

⑤伝送中および保管中のデータの保護

　従来は、データセンター内では平文での伝送が一般的で、格納データも暗号化しない場合がありました。

　AWSでは、機密性レベルに応じ、暗号化、トークン分割、アクセスコントロールなどを実施することを推奨しています。

⑥データに人の手を入れない

　従来は、手作業でのデータ操作が可能なケースがありました。

　AWSでは、人為的なデータの損失、変更、ヒューマンエラーを軽減するツールとプロセスを提供しています。

⑦セキュリティイベントへの備え

　従来は、セキュリティ事故があってからの対応が一般的でした。

　AWSでは、インシデント対応シミュレーションの実行と、自動化ツールによる検出、調査、復旧を推奨しています。

11

Section 11-4 「セキュリティ」の ベストプラクティス

「セキュリティ」には、次の5つの分野のベストプラクティスがあります。

①アイデンティティ管理とアクセス管理

アイデンティティ管理とアクセス管理は、機密性を確保するための情報セキュリティの重要な要素です。意図した方法で承認されたユーザーのみがアクセスできるようにする必要があります。

ユーザーは、個人のみならずグループやプログラムの場合があります。それらに合わせたポリシーを詳細に設定し、アクセスの権限管理を行うべきです。

この分野では、次のAWSサービスを活用できます。

- AWS Identity and Access Management（IAM）
- AWS Organizations
- AWS Security Token Service

②発見的統制

セキュリティの潜在的な脅威やインシデントを特定することも重要です。これにより、品質管理プロセス、コンプライアンス対応を実施し、問題の範囲を特定、把握することが可能になります。

AWSでは、次のAWSサービスを活用し、ログとイベントを監視し処理できます。

- CloudTrailログ
- Cloud Watch
- AWS Config
- Amazon GuardDuty

③インフラストラクチャ保護

深層防御をすべきです。境界を強制的に保護する考え方（境界保護）を実施し、モニタリングのポイントの設定、ログ記録、アラートの実施といった手段を用いま

しょう。

AWSでは、次のAWSサービスを活用し、すべての環境で複数システムのレイヤーを防御することが可能です。

- Amazon Virtual Private Cloud（Amazon VPC）
- Amazon CloudFront
- AWS WAF（Web Application Firewall）

④データ保護

データを機密性レベルに基づいて分類し、必要なものは暗号化し、データ損失予防や規制遵守を徹底しましょう。暗号化キーのローテーション（変更のメンテナンス）も自動化すべきです。

また、ファイルへのアクセスや変更のログを記録することも大切です。データは堅牢なストレージへ保存し、1バージョンではなく、前バージョンも保存（バージョニング）するのが望ましいでしょう。

この分野では、次のAWSサービスを活用できます。

- AWS KMS（Key Management System）
- S3（Simple Storage Service）

⑤インシデント対応

セキュリティインシデントが起きる前に、インシデント対応の訓練を定期的にするべきです。それによって、タイムリーな調査と復旧が可能になります。

この分野では、次のAWSサービスを活用できます。

- AWS CloudFormation
- Amazon EventBridge

11

「信頼性」の設計原則

　AWS Well Architectedフレームワークの「信頼性」の柱には、1つのインスタンスが障害で停止しても、別のインスタンスに切り替えて、できるだけ早く復旧させるといった高可用性の設計の考えや、バックアップを取得しておいて、そこからシステムを復旧させるといった障害時の対策などが含まれます。また使用したい時に使用できるという点を目指す上では、利用者が増えた場合に、その利用者のアクセスに応じて、システム側のキャパシティを自動的に増やすことも必要になります。

　そのような高信頼性を達成するために、「信頼性」については、次の5つの設計原則があります。

①復旧手順をテストする

　従来は、特定の障害発生シナリオテストの実施が中心であり、復旧手順の検証はあまりされませんでした。

　AWSでは、障害発生のメカニズムや復旧手順を検証することを推奨しています。そのために、過去の障害の再現も可能となっています。

②障害から自動的に復旧する

　従来は、障害発生に対して、メッセージ監視を元に、手動で復旧措置を施すことが一般的でした。

　AWSでは、システムのKPIを設定し、しきい値を超えた場合、障害対処と修正のための復旧プロセスを自動的に実行させることを推奨しています。

③水平方向にスケールしてシステム全体の可用性を高める

　従来は、1ヶ所の大規模なリソースで処理し、分散化させていないことが一般的でした。また、単一障害点がある設計となっていました。

　AWSでは、リクエストを複数の小規模なリソースに分散させることで可用性を高めることを推奨しています。また、障害の箇所を共有しない設計を推奨しています。

④キャパシティを推測しない

　従来は、事前にキャパシティ設計を実施するのが一般的でした。そのため、システムに対する需要がシステムのキャパシティを超えると処理できない場合がありました。

　AWSでは、キャパシティを気にしない設計が可能です。すなわち常にシステムの使用率をモニタリングし自動的にリソースの追加や削除を実施できます。

⑤オートメーション（自動化）で変更を管理する

　従来は、手動でインフラストラクチャの設定、変更を行うことが一般的でした。そのため、環境ごとに、個別の設定作業が発生していました。

　AWSでは、インフラストラクチャに対する変更は自動化することを推奨しています。この場合、自動化に対する変更点を管理するだけで済みます。

「信頼性」のベストプラクティス

「信頼性」には、次の3つの分野のベストプラクティスがあります。

①基盤

システム構築の前には、ネットワークトポロジー、AWSのサービス制限の管理等を十分計画しておくべきです。

AWS内は需要に応じてリソースを拡張可能なため、注意すべきは、オンプレミスとのハイブリッドモデル時となります。例えばオンプレミスとのネットワーク帯域幅など、AWSとオンプレミスのネットワークトポロジーの設計や相互の通信についての設計が重要になります。

なおAWS内は過剰なリソース利用にならないようにサービス制限があるため、把握しておき、必要に応じて申請ベースで緩和しましょう。

この分野では、次のAWSサービスを活用できます。

・Amazon CloudWatch
・AWS Trusted Advisor

②変更管理

需要の変動に対応して自動的にリソースの追加や削除を行うシステムを設計する必要があります。これにより、信頼性を高め、スケールすることができます。

環境の変更は自動的にログに記録されるので、アクションを特定することができます。

この分野では、次のAWSサービスを活用できます。

・AWS CloudTrail
・AWS Config
・Amazon Auto Scaling
・Amazon CloudWatch

③障害の管理

障害対策については、システムをモニタリングし、自動的に反応するようにしておくべきです。

その際、本番環境で障害発生のリソースを診断して修正するのではなく、まず新しい環境で復旧した後、別途障害の発生したリソースの分析をするのが望ましいでしょう。AWSでは低コストで一時的にシステムを起動できるため、一時的な環境で復旧プロセス全体を検証することも可能です。

また、定期的にデータをバックアップし、リストアし検証することで、論理的・物理的な障害からも復旧可能になります。

さらに、システムに対し自動化されたテストを頻繁に実施して障害を発生させ、どのように復旧するかを確認することも重要です。これにより、サービスをお客様に提供し続けられるかどうかといったビジネス価値の継続性を確認できます。

この分野では、次のAWSサービスを活用できます。

- AWS CloudFormation
- Amazon S3
- Amazon S3 Glacier

「パフォーマンス効率」の設計原則

AWSで定義しているパフォーマンス効率に向けた取り組みとは何でしょうか。CPUの性能アップやネットワークの応答時間の短縮（レイテンシーの低減）などが、まず思いつきます。それ以外にAWSでは、次々に新サービスや既存サービスの機能拡張がありますから、そうした新しいサービスを効果的に利用するという点も外せません。また技術者の作業などの稼働時間を短くするような効率化の方法もあります。

こうした点に対応するため、「パフォーマンス効率」については、次の5つの設計原則があります。

①最新テクノロジーの民主化

従来は、枯れたテクノロジーを利用し、以前と同じようなアーキテクチャで構築するのが一般的でした。

AWSでは、新しいテクノロジーの実装の複雑さを低減して、簡単に利用できるようになっています。つまり最新テクノロジーの民主化です。

②数分でグローバルに展開

従来は、データセンターがあるローカルな地域でのみサービスを展開するのが一般的でした。グローバル化は非常に困難でコストがかかりました。

AWSでは、世界中に複数のリージョンがあるため、数回のクリックでサービスをグローバル展開できます。また世界中から早い応答時間で利用可能です。

③サーバーレスアーキテクチャを使用

従来は、多くのサーバーを構築し、その運用管理のために技術者が必要でした。

AWSでは、マネージドサービスを利用することで、運用負担がなくなり、トランザクションコストの低減が可能となっています。

④より頻繁に実験可能

　従来は、調達が必要になるため、試すということができず、事前の実験・テストができませんでした。

　AWSでは、仮想的に利用できるため、異なるタイプのインスタンス、ストレージの比較テストを簡単に実施可能です。

⑤システムを深く理解

　従来は、アプリケーション、インフラなどで分業化されていたため、全体システムを理解できないケースが多くありました。

　AWSでは、データベースやストレージへのデータアクセスのパターンを熟慮することで性能向上が可能です。

「パフォーマンス効率」の
ベストプラクティス

「パフォーマンス効率」には、次の4つの分野のベストプラクティスがあります。

①最適なソリューションの選択

最適なソリューションを得るためには、複数のアプローチを組み合わせて使用する必要があります。AWSでは検討すべき4つの主なリソースタイプ（コンピューティング、ストレージ、データベース、ネットワーク）の選択肢があります。いずれもデータに基づいた判断をする必要があるため、そのデータ取得に不可欠なサービスとしてAmazon CloudWatchがあります。

■ コンピューティング

アプリケーションのアーキテクチャに対して適切なアーキテクチャタイプを選択することで、パフォーマンス効率を高めることが可能です。アーキテクチャタイプには「インスタンス」「コンテナ」「ファンクション」の3つがあります。

インスタンスは、仮想化されたサーバーです。様々なCPUのファミリーやサイズがあり、機械学習向けのGPUもあります。

コンテナは、リソースと分離された常駐プロセスとして、オペレーティングシステム上で、仮想化して複数利用可能です。

ファンクションは、コードの実行により利用する環境です。インスタンスを実行することなくコードを実行可能です。

この分野では、次のAWSサービスを活用できます。

・Auto Scaling

■ ストレージ

最適なストレージソリューションを選ぶためには、アクセス方法（ブロック、ファイル、オブジェクト）、アクセスパターン（ランダムまたはシーケンシャル）、必要なスループット、アクセス頻度（オンライン、オフライン、アーカイブ）、更新頻度、および可用性と耐久性等を検討します。

ストレージソリューションを選択する際は、必要なパフォーマンスを実現できるように、アクセスパターンに合ったソリューションを選択することが重要です。

　この分野では、次のAWSサービスを活用できます。

* Amazon EBS
* Amazon S3
* Amazon S3 Transfer Acceleration

■ データベース

　システムにとって最適なデータベースソリューションは、可用性、整合性、パーティション対応性、レイテンシー、耐久性、スケーラビリティ、クエリ機能などの要件に応じて異なります。

　この分野では、次のAWSサービスを活用できます。

* Amazon RDS
* Amazon DynamoDB
* Amazon Redshift

■ ネットワーク

　AWSでは、ネットワークは仮想化され、様々な種類や構成を持つネットワークとして使用できます。これにより、ネットワーク手法をより簡単かつより密接にニーズに適合させることができます。

　システムにとって最適なネットワークソリューションは、レイテンシーやスループットなどの要件によって異なります。

　また、ネットワークソリューションを選択する際は、場所を検討する必要があります。AWSを使用すれば、使用される場所に近い所にリソースを配置できるため、ネットワークの距離を縮めることができます。リージョンや、プレイスメントグループ、エッジロケーションを活用すれば、パフォーマンスを大幅に向上させることができます。

　この分野では、次のAWSサービスを活用できます。

* Amazon VPC 拡張ネットワーク

- Amazon VPC エンドポイント
- AWS Direct Connect
- AmazonEBS 最適化インスタンス
- Amazon S3 Transfer Acceleration
- Amazon CloudFront
- Amazon Route 53

②レビュー

　時間が経つにつれ、アーキテクチャのパフォーマンスを向上させることができる新しいテクノロジーやアプローチが利用可能になります。

　AWSでは、新しいリージョンやエッジロケーション、サービス、機能を定期的にリリースしています。これらによりアーキテクチャのパフォーマンス効率を向上が可能です。

　アーキテクチャのどの部分にパフォーマンスのネックがあるかを把握することで、その制約を緩和できるような新しいリリースを見つけることができます。

　この分野では、次のAWSサービスを活用できます。

- AWS ブログと AWS ウェブサイトの「最新情報」

③モニタリング

　システムを実装した後は、前もって性能の劣化などが把握できるように、パフォーマンスをモニタリングする必要があります。その際には、モニタリングメトリクスを使用して、メトリクスがしきい値を超えた時に自動的にトリガーしアラームが発生するようにしておくことで、ヒューマンエラーを防げます。

　この分野では、次のAWSサービスを活用できます。

- Amazon CloudWatch
- AWS Lambda

④トレードオフ

　より高いパフォーマンス効率の実現に向けて、例えば整合性、耐久性、容量を重視するのか、レイテンシーを重視するのかなど、トレードオフで検討する必要があり

ます。

　AWSでは、世界中のエンドユーザーに近い場所に数分でリソースできます。また
データベースでは読み取り専用のレプリカを動的に追加できるため、プライマリ
データベースの負荷を減らせます。

　なお、トレードオフを行うことで、アーキテクチャが複雑になる可能性がありま
す。また、トレードオフを行った場合は、ロードテストを実施して、トレードオフに
よって目に見える効果が得られたか確認する必要があります。

　この分野では、次のAWSサービスを活用できます。

- Amazon ElastiCache
- Amazon CloudFront
- Amazon DynamoDB Accelerator（DAX）

「コスト最適化」の設計原則

クラウドでは、使った分だけ支払うという従量制の料金体系が中心になっています。この性質からいうと、実際に使っていく際に、無駄な使い方をしていないか、より低価格での利用方法がないかを確認し、改善していくことが大事になってきます。

またクラウドでは、従来のオンプレミスで必要だったデータセンターの設備投資、電気料金、データセンターの運用のための技術者の人件費など、多くの費用がいらなくなります。そこで、これらの費用を含めて、トータルのコストでクラウドの利用費用を抑えていくような考え方が大事になります。

こうした点を踏まえて、「コスト最適化」については、次の5つの設計原則があります。

①消費モデルを導入する

従来は、コストは一元化されており、前払いになっていました。

AWSでは、未使用時はリソースを停止することでコストを削減できます。

②全体的な効率を測定する

従来は、データセンターへの投資とともに、スケールメリットが得られないことによるコスト負担がありました。

AWSでは、スケールメリットが働きます。また、全体コストを測定し、生産性とコスト削減によるメリットを確認できます。

③データセンター運用のための費用を排除する

従来は、サーバーを保守するための技術者が必要でした。

AWSでは、サーバーの設置、電気料金といったデータセンター運用の費用はなくなります。

④費用を分析し、帰結させる

従来は、初期段階で集中的な設備投資が必要であり、運用段階での投資収益

率を元にした最適化はできませんでした。

　AWSでは、システム使用状況とコストの特定によって、ITコストとその所有者の関係を透明化できます。そのため、投資収益率（ROI）によるリソースの最適化を検討可能です。

⑤アプリケーションレベルのマネージドサービスを使用して所有コストを削減する

　従来は、サーバーへのオペレーティングシステムやデータベースの導入により、それらに対する運用負担が発生しました。

　AWSでは、マネージドサービスの使用により、データベース管理などの運用負担がなくなり、コスト削減できます。

「コスト最適化」の
ベストプラクティス

「コスト最適化」には、次の4つの分野のベストプラクティスがあります。

①費用認識

AWSでは、オンプレミスでの設備調達、構築といった手動のプロセスやそのための時間を省略できますが、一方でクラウドならではの費用認識が必要です。リソースの利用によるコストを、それによって利益を享受するオーナーに帰属させることによって、AWSのリソースを効率的に使用し、無駄を削減できます。コストの帰属先を明確にすることで実際に利益率の高い製品を把握でき、予算の配分先について より多くの情報に基づいた決定ができるようになります。

この分野では、次のAWSサービスを活用できます。

- Cost Explorer
- AWSBudgets
- リソースへのタグ付け
- 請求アラート
- AWS簡易見積もりツール

②費用対効果の高いリソース

適切なインスタンスとリソースを使用することが、コスト削減のポイントです。マネージドサービスを使用することで、コストを削減できる場合もあります。

AWSには柔軟でコスト効率がよい様々な料金オプションがあります。オンデマンドインスタンスは最小コミットメントの定めがなく、1時間単位で料金が発生します。リザーブドインスタンスを予約することで最大75%のコストを削減できます。スポットインスタンスでは、使用されていないインスタンスをオークションから利用するため、オンデマンド料金と比べて最大90%節約できます（ただし途中で停止される可能性があるため、途中停止が許容されるバッチ処理の利用に適しています）。

この分野では、次のAWSサービスを活用できます。

・Cost Explorer や AWS Trusted Advisor

③需要と供給を一致させる

　需要と供給を最適に一致させることで、ワークロードのコストを最低限に抑えることができます。AWSでは、需要に合わせてリソースを自動的にプロビジョンできます。

　この分野では、次のAWSサービスを活用できます。

・Auto Scaling

④長期的な最適化

　AWSでは新しいサービスと機能がリリースされるため、既存のアーキテクチャの決定をレビューし、現在でもコスト効率がよいかを判断することが重要です。

　この分野では、次のAWSサービスを活用できます。

・AWSの各種マネージドサービス
・AWSブログとAWSウェブサイトの「最新情報」
・AWS Trusted Advisor

Chapter  12

AWSサービス用語集

この章では、AWSサービスおよび関連機能の概要を簡単にまとめています。
AWSのサービスは2023年には200を超えており、クラウドプラクティショナー
試験でも時々聞きなれないサービス名が出題されることがあります。名前と概要だ
けでも押さえておくと役立つはずです。

分析

■ Amazon Athena

S3上のデータを標準SQLを使用し直接分析できる、サーバーレスのクエリサービス。

■ AWS Data Exchange

サードパーティのデータセットを検索したり、自分のデータセットを販売したりできるサービス。

■ Amazon EMR

ビッグデータを分析するサービス。Apache Spark、Apache Hive、Prestoなどのフレームワークをサポート。

■ AWS Glue

データの抽出、変換、ロード（ETL）で使用されるフルマネージドサービス。

■ Amazon Kinesis

リアルタイムに大量のストリーミングデータを収集、処理、分析するサービス。

■ Amazon Managed Streaming for Apache Kafka（Amazon MSK）

ストリームデータの移動、ストレージ処理を容易にするApache Kafkaサービス。

■ Amazon OpenSearch Service

ElasticsearchとKibanaのデプロイ、運用、スケーリングを容易にするサービス。

■ Amazon QuickSight

BIサービス。ダッシュボードの作成、データの可視化、分析が可能。

■ Amazon Redshift

データウェアハウジングサービス。大規模なデータセットを高速に分析できる。

アプリケーション統合

■ Amazon EventBridge

サーバーレスイベントバスサービス。イベントの受信、フィルタリング、変換、ルーティング、および配信を支援する。

■ Amazon Simple Notification Service（Amazon SNS）

フルマネージドのPub/Subメッセージングサービス。

■ Amazon Simple Queue Service（Amazon SQS）

フルマネージドされたメッセージキューサービス。

■ AWS Step Functions

サーバーレスのワークフローサービス。マイクロサービス、Lambda関数、その他のサービスを結合できる。

ビジネスアプリケーション

■ Amazon Connect

コンタクトセンターサービス。セルフサービス型で、電話やオンラインチャットのカスタマーサポートを提供する。

■ Amazon Simple Email Service（Amazon SES）

スケーラブルなメール送信サービス。アプリケーションからのメール送信時に利用。

クラウド財務管理

■ AWS Billing Conductor
カスタマイズ可能な請求ができ、コストを可視化できるようになる。

■ AWS Budgets
AWSのコストと使用状況に関する予算を設定し、閾値を超えた際にアラートを提供するサービス。

■ AWS Cost and Usage Report
AWSの使用状況とコストに関する詳細な情報を提供するレポート。

■ AWS Cost Explorer
AWSのコストと使用状況を視覚的に分析する。過去および予測データに基づいてコストのトレンドを表示。

■ AWS Marketplace
ソフトウェア、データ、およびサービスの購入や販売ができるデジタルカタログ。マーケットプレイスで様々なソリューションを見つけることができる。

コンピューティング

■ AWS Batch

大量のバッチ処理ワークロードを効率的に実行するためのサービス。

■ Amazon EC2

仮想プライベートサーバーを提供するコンピューティングサービス。

■ AWS Elastic Beanstalk

アプリケーションとサービスのデプロイや運用を簡単にするためのPaaS。

■ Amazon Lightsail

シンプルで低コストな仮想プライベートサーバーを提供。

■ AWS Local Zones

特定の地域や都市に近い場所でAWSサービスを実行するための拡張インフラ。

■ AWS Outposts

AWSのインフラ、サービス、APIをオンプレミス環境に持ち込むサービス。

■ AWS Wavelength

5Gネットワーク上でアプリケーションを実行するためのサービス。

Section 12-6 コンテナ

■ Amazon ECR

Dockerコンテナイメージを簡単に保存、管理、デプロイできるフルマネージドの
コンテナレジストリ。

■ Amazon ECS

Dockerコンテナの実行と管理を簡単にするオーケストレーションサービス。

■ Amazon EKS

Kubernetesを簡単に実行、管理できるフルマネージドサービス。

カスタマーエンゲージメント

■ スタートアップ向けAWS Activate

スタートアップ向けにAWSクレジット、トレーニング、テクニカルサポートを提供するプログラム。

■ AWS IQ

AWSの専門知識を持つ専門家とAWSの顧客を結びつけるオンラインプラットフォーム。

■ AWS Managed Services（AMS）

AWSのオペレーションを代行して運用をサポートするサービス。

■ AWS サポート

AWSの利用に関する技術的サポートとアドバイスを提供するサービス。

データベース

■ Amazon Aurora

MySQLおよびPostgreSQLとの互換性を持つ、高性能、高可用性のリレーショナルデータベース。

■ Amazon DynamoDB

フルマネージドなNoSQLデータベースサービス。

■ Amazon MemoryDB for Redis

Redis互換のインメモリデータベース。

■ Amazon Neptune

高性能、グラフデータベースサービス。

■ Amazon RDS

リレーショナルデータベースの運用を簡単にするサービス。

デベロッパーツール

■ AWS AppConfig

アプリケーションの設定を簡単に管理・デプロイするサービス。

■ AWS CLI

コマンドラインからAWSサービスを操作するツール。

■ AWS Cloud9

クラウドベースの統合開発環境（IDE）。

■ AWS CloudShell

ウェブブラウザから直接アクセスし、AWSリソースを管理できるコマンドラインインターフェース。

■ AWS CodeArtifact

ソフトウェアパッケージと依存関係を管理するサービス。

■ AWS CodeBuild

ソースコードのコンパイル、テスト、パッケージングを行うサービス。

■ AWS CodeCommit

プライベートGitリポジトリを提供するサービス。

■ AWS CodeDeploy

アプリケーションの自動デプロイをサポートするサービス。

■ AWS CodePipeline

連続的な統合と連続的なデリバリーをサポートするサービス。

■ AWS CodeStar

クラウドベースのアプリケーション開発プロセスを統合・自動化するサービス。

■ AWS X-Ray

アプリケーションのパフォーマンスボトルネックやエラーを分析するトレーシングサービス。

エンドユーザーコンピューティング

■ **Amazon AppStream 2.0**

ブラウザ上でデスクトップアプリケーションをストリーミング。

■ **Amazon WorkSpaces**

仮想のデスクトップ環境を提供。

■ **Amazon WorkSpaces Web**

ブラウザからAmazon WorkSpacesにアクセス。

フロントエンドのウェブとモバイル

■ AWS Amplify

ウェブおよびモバイルアプリの開発を高速化。

■ AWS AppSync

データ駆動型のアプリケーションを作成するためのサービス。

■ AWS Device Farm

モバイルアプリのテストを物理デバイス上で実施。

IoT

■ **AWS IoT Core**

IoT デバイスを接続し、通信を管理。

■ **AWS IoT Greengrass**

IoT デバイスのエッジ側での処理と通信を強化。

Section 12-13 機械学習

- **Amazon Comprehend**
  自然言語処理（NLP）を活用したテキスト分析。

- **Amazon Kendra**
  エンタープライズの検索サービス。

- **Amazon Lex**
  チャットボットの作成。

- **Amazon Polly**
  テキストを自然な音声に変換。

- **Amazon Rekognition**
  画像とビデオ解析。

- **Amazon SageMaker**
  機械学習モデルの開発からデプロイまでの全プロセスを支援。

- **Amazon Textract**
  ドキュメントからテキストとデータを抽出。

- **Amazon Transcribe**
  音声をテキストに変換。

- **Amazon Translate**
  テキストの翻訳サービス。

■ Amazon Bedrock

生成系AIアプリケーションを構築する基盤モデル（FM）を提供。

■ Amazon CodeGuru

コードレビューの自動化と、負荷の高いプログラムコード行の特定。

■ Amazon CodeWhisperer

アプリケーション開発に向けた迅速かつ安全なAIコーディング支援サービス。

■ Amazon Forecast

機械学習を用いたビジネス予測のサービス。

■ Amazon Personalize

機械学習を活用したパーソナライゼーションによるCXの向上。

12

マネジメントとガバナンス

■ **AWS Auto Scaling**
　リソースのスケーリングを自動化。

■ **AWS CloudFormation**
　インフラのコード化と自動化サービス。インフラストラクチャを反復可能な方法で
メンテナンス。

■ **AWS CloudTrail**
　AWSアカウントのアクションログを追跡。

■ **Amazon CloudWatch**
　AWSリソースおよびアプリケーションの監視。

■ **AWS Compute Optimizer**
　最適なEC2インスタンスタイプの提案。

■ **AWS Config**
　AWSリソースの設定履歴と変更監視。

■ **AWS Control Tower**
　セキュアな多アカウントAWS環境のセットアップとガバナンス。

■ **AWS Health Dashboard**
　AWSサービスの運用状況と障害情報。

■ **AWS Launch Wizard**
　アプリケーションのデプロイをガイド。

■ AWS License Manager

ソフトウェアライセンスの管理。

■ AWS マネジメントコンソール

AWSリソースにWebブラウザからアクセス。

■ AWS Organizations

複数のAWSアカウントを組織的に管理。

■ AWS Resource Groups とタグエディタ

リソースのグループ化とタグ付け。

■ AWS Service Catalog

ITサービスのカタログを提供。

■ AWS Systems Manager

AWSリソースの統合的な可視化、制御、自動化。

■ AWS Trusted Advisor

AWSのベストプラクティスに基づくアドバイス。

12

■ AWS Well-Architected Tool

アーキテクチャの最適化提案。

Section 12-15 移行と転送

■ **AWS Application Discovery Service**
オンプレミス環境の検出と移行の計画。

■ **AWS Application Migration Service**
アプリケーションの移行を支援。

■ **AWS Database Migration Service（AWS DMS）**
データベースの簡単な移行。

■ **AWS Migration Hub**
移行の進捗と状態の一元管理。

■ **AWS Schema Conversion Tool（AWS SCT）**
データベーススキーマの変換。

■ **AWS Snow ファミリー**
データの大量移動のためのデバイス。

■ **AWS Transfer Family**
SFTP、FTPS、FTPを使用したAmazon S3やAmazon EFSへの転送サービス。

ネットワークとコンテンツ配信

■ **Amazon API Gateway**

APIの作成、公開、保護、監視。

■ **Amazon CloudFront**

グローバルなコンテンツ配信ネットワーク（CDN）サービス。

■ **AWS Direct Connect**

AWSとオンプレミスデータセンターとの専用接続。

■ **AWS Global Accelerator**

世界中のネットワークインフラストラクチャを介して、ネットワークの可用性と性能を向上させるためのサービス。

■ **Amazon Route 53**

スケーラブルなDNSとドメイン名登録サービス。

■ **Amazon VPC**

インスタンスをローンチするための仮想的なプライベートクラウド。

■ **AWS VPN**

オンプレミスとAWSのセキュアな接続。

セキュリティ、アイデンティティ、コンプライアンス

■ AWS Artifact

コンプライアンスの報告書と契約を取得。

■ AWS Audit Manager

コンプライアンスの監査と評価。

■ AWS Certificate Manager（ACM）

SSL/TLS証明書の管理。

■ AWS CloudHSM

専用のハードウェアセキュリティモジュールサービス。

■ Amazon Cognito

ウェブやモバイルアプリのユーザー認証と認可。

■ Amazon Detective

セキュリティの調査と分析。

■ AWS Directory Service

Microsoft Active Directoryのマネージドサービス。

■ AWS Firewall Manager

VPCセキュリティグループとWAFルールの中央管理。

■ Amazon GuardDuty

脅威検出サービス。

■ AWS Identity and Access Management（IAM）

AWSリソースへのアクセスを制御。

■ AWS IAM Identity Center（AWS Single Sign-On）

シングルサインオン機能。

■ Amazon Inspector

アプリケーションの脆弱性評価。

■ AWS Key Management Service（AWS KMS）

暗号キーの作成と管理。

■ Amazon Macie

プライバシー監査と保護サービス。機密データや知的財産を自動的に識別し、分類する。

■ AWS Network Firewall

VPCレベルでのファイアウォールサービス。

■ AWS Resource Access Manager（AWS RAM）

AWSリソースの共有。

■ AWS Secrets Manager

シークレットの管理。

■ AWS Security Hub

セキュリティ警告の一元管理。

■ AWS Shield

DDoS保護サービス。

12

■ AWS WAF

ウェブアプリケーションファイアウォール。

サーバーレス

■ AWS Fargate

サーバーレスコンピュートエンジン for ECS & EKS。

■ AWS Lambda

コードを実行するためのサーバーレスコンピュートサービス。

ストレージ

■ **AWS Backup**

AWSリソースのバックアップサービス。

■ **Amazon Elastic Block Store（Amazon EBS）**

EC2インスタンスのブロックストレージ。

■ **Amazon Elastic File System（Amazon EFS）**

スケーラブルなファイルストレージ。

■ **AWS Elastic Disaster Recovery**

サーバーの障害からの復旧サービス。

■ **Amazon FSx**

マネージドファイルストレージサービス。

■ **Amazon S3**

スケーラブルなオブジェクトストレージ。

■ **Amazon S3 Glacier**

長期保管のための低コストストレージ。

■ **AWS Storage Gateway**

オンプレミスとクラウドの間でデータをシームレスに移動・保存。

おわりに

　AWS認定試験の中でクラウドプラクティショナー試験は、基礎レベルに位置づけられていますが、範囲がとても広い試験です。基本的なクラウドの概念からコストの最適化まで含まれています。そのため、本書の第12章に設けたAWSサービス用語集にも、かなりの数の用語を収録いたしました。

　しかし、これだけの数を載せても、AWSサービスの一部に過ぎません。しかも日々サービスは拡張しています。

$$* \qquad\qquad * \qquad\qquad *$$

　このたび2023年9月のCLF-C02への試験改訂に伴い、多くの更新をしております。AWSのサービスは日々新しくなっています。そのため、新試験の出題範囲を踏まえ、最新版として内容を整理して改訂いたしました。

　これまでにも多くの読者の方にご利用いただいてきた本ですので、今後も最新化を目指していきたいと考えております。

$$* \qquad\qquad * \qquad\qquad *$$

　最後にAWS認定試験の中でとても重要なクラウドプラクティショナー試験について出版の機会を与えてくださった秀和システムの皆さまには、最後まで支えていただき、心から感謝申し上げます。

　また今回忙しい中、チェックをしてもらった同僚の畠俊一さん、渡邉直樹さん、武居裕典さん、福井康年さん、山上達也さん、山崎翔さん、高橋翔太さん、進藤真人さん、そして執筆を陰で支えてくれた私の友人と家族に、この場を借りて厚くお礼申し上げます。

　本書が豊かなクラウドソリューション利用の一助になりますように願っております。

2023年10月

山内 貴弘

著 者 紹 介

山内　貴弘（やまうち・たかひろ）

株式会社クレスコ、シニアテクニカルエグゼクティブ。
日本IBMを経て、AWSアドバンスドコンサルティングパートナーでもあるクレスコにて、現在、テクニカルポジションの最上位職としてデジタル変革と技術者育成をリードしている。
IBM時代は、大手通信会社のアカウントエンジニアとして大規模ネットワークアーキテクチャーの策定をリード。IBM認定プロジェクトマネジャー就任後は、特に難易度の高いプロジェクトに対して、技術仕様の徹底確認を信条として数多く成功させてきた。同じくIBMではグローバルビジネスサービスの人材開発ポートフォリオ戦略におけるJapan Leaderも担当し、組織変革を推進した。
現在も多くのエンジニアのスキル育成にコミットし、AWS認定技術者では100名超の育成を達成するとともに現役のITアーキテクトやスクラムマスターとしてデジタル変革を追求している。
AWS Solution Architect Professional、Certified ScrumMaster他、多数の資格を保有。情報処理学会、プロジェクトマネジメント学会、計測自動制御学会、人材育成学会、日本学習社会学会等に所属し、最新技術の追求と人材育成をテーマに国内外で発表。筑波大学大学院システム科学研究科修了。趣味はワークアウト、読書、坐禅。最近は「すみっコぐらし」（サンエックス）に共感。

LINE公式アカウント「AWSプラクティショナー @サンプル問題」
最新のAWSサービス情報を踏まえた、AWS認定クラウドプラクティショナーのサンプル問題を定期的にLINEへ無償提供しております。これまでに1500名を超える読者の皆様からの合格のご連絡を頂きました。下記のQRコードからアクセスできます！　ぜひご活用ください。

企画協力：ネクストサービス株式会社　松尾 昭仁
カバーデザイン：大場 君人

一夜漬け　AWS認定
クラウドプラクティショナー
[CO2対応]直前対策テキスト

発行日	2023年 11月20日	第1版第1刷

著　者　山内　貴弘

発行者　斉藤　和邦
発行所　株式会社　秀和システム
　　　　〒135-0016
　　　　東京都江東区東陽2-4-2　新宮ビル2F
　　　　Tel 03-6264-3105（販売）　Fax 03-6264-3094
印刷所　日経印刷株式会社

©2023 Takahiro Yamauchi　　　　　　　　Printed in Japan
ISBN978-4-7980-7137-4 C3055